CLOUDS

[英] 理查德·汉布林———————著

李佳妮 ——————译

重庆出版集团 重庆出版社

版贸核渝字(2020)第097号

图书在版编目(CIP)数据

云 / (英) 理查德·汉布林著；李佳妮译. — 重庆: 重庆出版社, 2020.12

ISBN 978-7-229-15179-9

Ⅰ.①云… Ⅱ.①理… ②李… Ⅲ.①云—普及读物 Ⅳ.①P426.5-49

中国版本图书馆CIP数据核字(2020)第132098号

云

YUN

〔英〕理查德·汉布林 著 李佳妮 译

丛书策划：刘 嘉 李 子
责任编辑：李 子 陈劲杉
责任校对：杨 婧
封面设计：何海林
版式设计：侯 建

重庆出版集团
重庆出版社 **出版**

重庆市南岸区南滨路162号1幢 邮政编码：400061 http://www.cqph.com

重庆一诺印务有限公司印刷

重庆出版集团图书发行有限公司发行

E-MAIL:fxchu@cqph.com 邮购电话：023-61520646

全国新华书店经销

开本：720mm×1000mm 1/16 印张：15.75 字数：270千

2020年12月第1版 2020年12月第1次印刷

ISBN 978-7-229-15179-9

定价：98.00元

如有印装质量问题，请向本集团图书发行有限公司调换：023-61520678

目录

引言　“空洞无物”　/1

第一章

神话和隐喻中的云　/1

第二章

云之博物志　/39

第三章

云的语言学与文学作品　/85

第四章

艺术、摄影与音乐中的云　/121

第五章

来日之云　/181

附录　云的种类及变种　/220

大事年表　/225

精选参考文献　/228

相关协会　/232

致谢　/234

图片提供致谢　/235

风是“万千巨响、号叫和轰鸣”，是热带风暴

尼古拉斯·普森,《盲眼的俄里翁寻觅上升的太阳》,16世纪50年代末,油画。画中,猎人戴安娜(月亮女神)站在银灰色的流云之上,云朵笼罩了俄里翁的面庞,几近遮蔽了他的视线

们同时混合了固态、液态与气态成分,对地球上普遍存在的元素类别造成混淆。那么,云究竟是什么?物体,现象,系统,还是过程?甚至说,它们算得上“东西”吗?文学学者玛丽·雅各布斯指出,“云晦涩难懂,与其说是因为它们对元素进行了混合,或不断地改变自身的形状,还不如说

是因为云对可见现象学提出了挑战”。云混淆了所视所听，扰乱了世人的所思所想。勒内·笛卡尔在其作品《流星》（1637 年）中指出，云是“不可思议”最极端的表现形式，因而，如果你能够如哲学家般对云进行思考或辩论，那么你便可以对世上任何事物进行理论研究：

> 因人若要观云必须将目光转向天穹，所以我们把云看得过于高高在上了，甚至连诗人和画家都将其视作上帝的王座……因而我希望，如若我现在清楚解释了云的性质，那就不会再有人有机会欣赏到任何天上所在或从天而降的东西了。人们便会很容易地相信：在某种程度上，或许可对大地上空那三千良辰美景溯流穷源。

换句话说，云应当降至地球上，那它们变幻莫测的动向便都会变得有迹可循，也会因此丧失那份神秘感。但是，云始终不仅仅是一种气象，它还蕴涵着丰富的文化与情感联想，这远远超越了其在大气中稍纵即逝的自然存在。6 世纪，当山中隐士、道教学者陶弘景婉拒中国梁朝皇帝的诏书，拒绝赴朝廷任职时，他援引了云的不可言喻性，象征其与皇权的距离：

> 山中何所有，岭上多白云。
> 只可自怡悦，不堪持赠君。

道教中，云是逍遥自在、纤尘不染、无影无形的代表。用德国哲学家恩斯特·布洛赫的话来说，云是对隐居沉思生活的一种肯定，是“众生头顶上一座高耸盖日的异域仙境”，在这里，他援引了天堂终极美梦幻想中的勾魂摄魄，在童话般的世界里，“那儿也有城堡，而且比地球上的城堡还要高”。

环天顶弧(亦称为"云之微笑")是一种光学现象,是太阳光通过稀薄卷云内的冰晶后折射而形成的。因冰晶比水滴更能有效地折射阳光,所以和彩虹相比,环天顶弧通常更为溢满光辉,如梦幻流霞

在人类的历史洪流中,云始终如一,是令人怡情悦性又心驰神往的对象,它们昙花一现的瑰丽璀璨与永无止境的变幻莫测为科学家和空想家们酝酿着思想的春风夏雨。如本书所示,没有云的生活,从物理上讲是无法忍受的,除却其储存雨水的功能,云亦是一部精密调试的行星恒温器,而且云若在心理与精神层面荡然无遗,人类喷发创造性思维的源泉活水便会消失。"云是没有文字的思想",加拿大诗人马克·斯特兰德在对早期基督教狂想的概述中指出,早在漫画作家发明如今普遍应用的思想气泡的几个世纪前,人们已将思想视作云了。亚历山德拉·哈里斯在其著名的书籍《天

《云之幻想曲》，一位芭蕾舞演员于云中轻瞥。*Puck* 杂志，1911 年

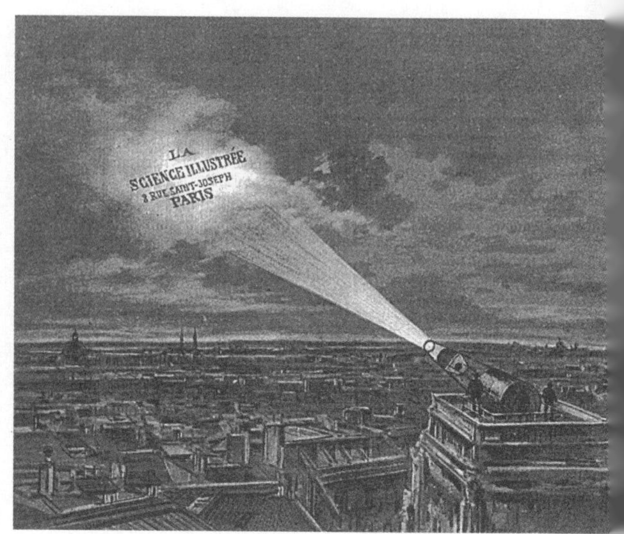

作为空中投影屏幕的云朵。《科学画报》，1894 年的宣传插画

气和土地》中引用了一段古老的英文对话（散文《所罗门与土星》），对话中对“亚当是用什么做的”这一问题进行了回答：“八磅材料。”其中一磅土做其肉身，一磅火做其鲜血，一磅风做其呼吸，一磅云做其心绪不宁的源泉。换言之，上帝“拿起一小撮云，将其捏塑成思想——只不过和云一样，这些思想的形状时时刻刻都在变幻”。云便如思想，虽本质上不甚可靠，但正如下一章将要探讨的，云同样是一块无尽变幻的神奇幕布，经久不衰地投射梦境、思绪、神话与传说。

第一章　神话和隐喻中的云

“告诉我，阿尔维斯！你是尽知众生祸福的侏儒：那些飘荡在每一个国度，蕴含着雨水的团状物叫什么名字？”

“人类叫它们‘云彩’，”侏儒答道，“诸神称之为‘阵雨’，华纳神族唤之为‘风鸢’[1]。巨人族称呼它们为‘雨之希冀’，精灵族称其为‘气象之力’，在地狱中，它们则被唤作‘秘密的钢盔’。”

——凯文·克劳斯·霍兰德译，《阿尔维斯之歌》

[1] 鸢：猛禽的一种。“kite”也意为“鸢”。——译者注

世界上最早的一些书面材料揭示了云与气象的奥秘。记载在纸莎草或泥板上的古埃及与巴比伦文本中，字里行间都是对降雨与干旱的预测。一则有四千年历史的迦勒底[1]预言写道：“当黑暗的光圈环绕月亮，该月将出现降雨或屯云。”另一条预言警示道：“云之黯淡，狂风将至。”到了公元前5世纪，地中海沿岸城市的公共广场上登出了天气简报，简报上写满了对天文气象的预测，如“9月5日：大角星[2]升起，南风，降雨，雷”或“9月12日：天气或将有变”。中国商代的学者已详尽地撰写气候日志，其中记录了彩虹与光晕的出现以及降雨和盛行风。阴阳和谐学说是在公元前4世纪末建立起来的，其中阴和云、雨（作为平衡女性原则的地象元素）相关联，阳与火、太阳的热量（作为平衡男性原则的天象元素）相关联。太阳（阳）的温暖通过神秘的蒸发作用滋养了云（阴），而过量的雨（阴）则触发了火（阳）的补偿性雷电，以平衡大气中丰富的物质。

几个世纪后，道教的神职人员援引了一个叫作“雷部”的天庭署部，里面有雷神、风伯和雨师，其弟子名为推云（“云之童子”），是一个行为放纵的小神，他被赋予了管理雨云的职责。而就是他造成了雨云动向的奇诡莫测以及突如其来淋透下方人们的倾盆大雨。在道教神话中，八仙通常乘小飞云出行，尽管在15世纪，也就是明代的一篇文章中，八仙放弃了“他们惯常的空中运动模式——坐在云上”，而是往海面上扔法宝并乘之过海，以显示他们的神通广大。与此同时，正如气象学家拉尔夫·艾伯克龙比[3]在1887年一次关于民间传说中的云的演讲中指出，道教的神话创作者从雷云滚滚的激流中变出了飞龙：

[1] 迦勒底：新巴比伦王国。——译者注

[2] 大角星：牧夫座中最为璀璨夺目的星。——译者注

[3] 英国著名气象学家。——译者注

佛陀需要穿越恒河，便召唤了一片小云彩，小云彩尽职尽责地将他载过了恒河。佚名，中国插画家，20 世纪 20 年代

> “1608 年，第四个月。在一座装饰华丽的宝塔顶上可以看到一条盘旋的龙。四周云雾弥漫，唯有龙尾依稀可见；进餐时，它消失无踪了，只在宝塔上留下了爪痕。”

这些明显指的是狭长的漏斗云或尾状云，它们形成了龙卷风或旋风的喷口。

云是神圣的交通工具，这一点也体现在了佛教的故事中。在佛陀早年的一个故事中，他召唤了一小片云彩，小云彩对他俯首帖耳，载他渡过恒河，而佛教的宇宙观也包含了十层云类，而其分类层段则反映了其十层开悟等级：

一、大圆满光明云；二、大慈悲光明云；三、大智慧光明云；四、大般若光明云；五、大三昧光明云；六、大吉祥光明云；七、大福德光明云；八、大功德光明云；九、大皈依光明云；十、大赞叹光明云。

或许这便是“在第九朵云上”这一表达满心喜乐的短语的起源？在这种情况下，意味着离大彻大悟仅有一步之遥吗？

作为上界与下界的分界线，云始终如一，围绕着它有诸多神话。在一系列保存完好的 5 世纪的壁画中，斯里兰卡的“云之少女”从锡吉里亚岩上涂描的薄雾中款款浮现，人们认为她代表着西藏众神们所栖的冈底斯山上受人膜拜的仙女；而在古老的北欧万神殿中，奥丁的妻子弗丽嘉端坐在雾气缭绕的殿堂里，纺着金灿灿的纱线，再由风编织成清晨与傍晚的云朵。这些高贵的卷云为她所专属，尚未经他神之手，比如博尔粗野的儿子们，他们曾把冰霜巨人尤弥尔的头颅抛向空中，“将其变成五花八门的云朵”。

古希腊人同样对天气的脾性与外象注目凝心，他们的哲学家着手对雷电学、闪电学和云学进行研究。米利都学派的泰勒斯（约公元前 625—前 545 年）常常被称为欧洲的第一位科学家，是一位出类拔萃的气象理论家。

《雨中的奎师那和罗陀》，18世纪，水粉画。奎师那，印度教诸神中最广受尊崇的一位神祇，在《摩诃婆罗多》中被描述为肤色如同蕴含雨水的乌云

科雷乔的画中，神灵的面容从雨水丰沛的积云里浮现，手足无措的凡人被紧紧地包裹在这雨水霏霏、薄雾蒙蒙的拥抱中。

预测之云

正如我们所见，预测天气的概念就如人类文明一样源远流长，而云是大气中唯一肉眼可见的部分，在五湖四海的众多天气谚语中皆有提及。一则祖尼印第安的谚语写道，“当云气升腾于梯田，白茫茫的，玉米神父之乡就快要被雨箭射穿”；而亚利桑那州的早期霍皮人已在巨石上雕刻雨云图案，这或许是一种在干旱时期祈雨的方法。20 世纪 20 年代，新墨西哥州录制了一首祖尼祈歌，该歌曲用于向受召唤而来、以盈满雨水的云彩滋养土地的“水灵”表达敬意：

无论你久居何方，
你都会现出你的来路，
你的微风拂过流云，
你纤薄的云丝丝缕缕，
你丰满的云雨水盈盈，
满载了生意盎然的水，
你将受命与我们同啄同饮。

在新墨西哥州的圣伊尔德旺索普埃布洛，“云舞”每隔一年在春季上演一次。舞者们头戴彩绘的木制头饰，该头饰被设计切割成阶梯状，以代表层层的云。普埃布洛的陶器也用于祈雨，上面装饰着“象征性绘制的形

柏林滕珀尔霍夫公园上空的双彩虹。霓与虹之间的黑暗区域被称为“亚历山大暗带”，这一现象于200年首先被希腊哲学家亚历山大描述

态各异的云、被风吹动的云、倾洒着滂沱大雨的云”，证明着一种长久存在的、能够理解云和雨力量的文化。

《圣经》的字里行间记录着来之不易的天气观察，例如：“当你们看到一朵云彩自西边升起时，便可马上说，阵雨正在降临的路上，就是这样。”（《路加福音》第12章第54节）或是“黄昏降临，天朗气清，因天空为朱红色。清晨既至，天气不佳，因天空亦朱亦墨”（《马太福音》第十六章第二、三节），这标志着，人们熟悉的天气谚语第一次以印刷形式出现，“夜晚的红色天空……”

在《旧约全书》中，以色列子民之所以踏上逃离埃及的征途，是因为上帝在云中现身，无论是在红海上空、西奈山上空都能看见；或是因为拜“金牛犊”的神龛事件而勃然大怒[1]，那时“人们都看见了神龛门口矗立的云柱”（《出埃及记》第三十三章第十节）。在他们被流放到埃及平原的四百年里，以色列人对暴风云并不甚熟悉——他们头顶的空气太过炎热且太过干净，无法使局部上升的水蒸气凝结成云。当降雨系统沿着信风向北移动时，在到达法老平原——一块年平均降雨量不足 5 厘米的地区之前，它们早已耗尽自身能量而油尽灯枯。向半干旱的西奈半岛迁移，人地生疏的他们猛然接触了动荡不稳的季节性降雨以及积雨云高高悬挂的陌生景象；当他们离开三角洲低地时，出圣入神的“云柱”便映入他们的眼帘（《出埃及记》第十三章第二十一节）。对《摩西五经》的游牧作者们而言，云的出现，象征不确定性以及对流亡生活的生疏之感，于是，从《以诺记》和《约伯记》中所提的一连串疑问中，他们的忧虑之情便依稀可闻：“雨有父亲吗？”“谁能凭借他的神机妙算，数出云彩有几朵呢？”“有谁能够理解云彩的流动延绵？”

对依赖定期降雨的农耕文化而言，这些问题是人类与上帝在洪水后所立契约的核心问题：“我在云中设弓，它应

[1] 以色列人崇拜金牛犊。——译者注

是我与人世之间所立契约的象征”(《创世纪》第九章第十三节），并且几个世纪以来，天气预测仍然是一项半神秘又超自然的工作，古希伯来语“gnoneetz”一词便证明了这一点，“云商：通过仰望云彩来进行预测的预言者”。在13世纪流行的一份由英国学者、教士罗伯特·格罗塞斯特撰写的论文《论天气预报》中，使用复杂的占星学方法对特定日期的天气进行预测，并引用一系列古文，例如古希腊哲学家迪奥弗拉斯图斯所著的《风和天气的信号》：“在冬季，不要对海上漂泊的云心生惧念，也不要因陆上游荡的云悚然心惊；但若在炎炎夏日，从黑暗的海岸飘来的云，便是不祥之兆。”

天气预报仍然是最受欢迎的出版主打内容，历书和俗语手册销量通常数以万计。其中，英文年鉴《一般预测》（于1553年首次出版）十分畅销，其作者是数学家伦纳德·迪格斯，他在书中纳入了一系列由农民和实地考察工作者收集的每日天气迹象：

乔托·迪·邦多纳，《忘形状态的圣弗朗西斯》系列壁画，约1298年。该画描绘了基督出现在空中的景象，圣弗朗西斯乘在一朵神奇的云上悬浮

如若浓浓郁郁的云彩大量堆积，或更确切地说，宛若一团团在各处蜂攒蚁集的巨形棉状物，它们便会带来降雨。同样，如若云朵变得巨大浓厚又漆黑一团，自北向西匍匐爬行，雨水亦会速速降临。

如若这些云彩从陆地上轻飘飘而至，那便预示好天气要过去了。黑漆漆的乌云意味着雨水将至，冬季，地平线上若浮动着白茫茫的云，则意味着两三天内将出现寒潮与降雪。

威廉·福尔克于 1563 年发表的作品《优美画廊》是基于亚里士多德理论原理的气候指南，书中字里行间都是类似的天气预测，他建议道："如若在西方，夕阳西下时出现了一朵黑漆漆的云彩，则意味着雨水将至，这是因为该乌云需要热量来进行分散。"然而，相较于日常生活，福尔克似乎对奇闻异事更感兴趣。他下足笔墨，对各种不可思议的雨进行描写：蚯蚓雨、青蛙雨、游鱼雨、血雨、肉雨、牛奶雨、石头雨、小麦雨、铁雨、羊毛雨、砖头雨和水银雨。因为根据历史记载，在不同时期曾下过此般雨，在很大程度上，这类现象被归咎于自然原因。我们会着手去研究和解释这类现象，因为尽管世间五湖四海遍地皆是此般奇迹异胜，但这些皆为上帝安排我们去研精覃思的。

读了福尔克的作品，我们就会认识到，在都铎时代，英国的天气仍然被视作一系列不可思议的奇妙迹象，与其说其意义属于地球物理层面的，不如说是超自然层面的。

1670 年，自封为"班伯里的牧羊人"的约翰·克拉里奇出版了一套广受欢迎、关于田园气候知识的秘籍《牧羊人的遗产》。18 世纪中期，这本书再度进入人们的视野，并更名为《班伯里牧羊人气候变化判断定律》（1744 年）再版，此后又再版了多次。据称，在此之前，克拉里奇的作品

约翰·林内尔，《诺亚：大洪水前夜》，1848 年，油画，为弥尔顿《失乐园》（1667 年）中的配图：“就在此时，南风起，鼓动墨黑的羽翼，阴云麇集，盈空而至。”

是基于数十年来在户外所获的第一手观察资料，在这些观察记录中，“自然界中的万事万物都被解读为一种气象指标，日月、星辰、风云、薄雾、树木、花草，都被用作获取真正知识的工具”。在 1744 年的版本中，伦敦文人约翰·坎贝尔在克拉里奇的田园气候秘籍中添加学术方面的注解，使得该书更完善且具有说服力。坎贝尔的阐释旨在为牧羊人克拉里奇惟妙惟肖的论述拓宽在气象学方面的深度：

> 云：“小小的，圆滚滚的，如同镶着深灰色的斑纹，挟裹着北风。”天气晴朗，持续两至三日。

对此，其他作者有不同的表述。培根爵士告诉我们，如果云朵呈现出白色并向西北方向移动，这是数天内风和日丽的迹象。

我们古老的《英国年鉴》中有这样一句格言：

若天际铺开了绒绒的羊毛，

则今夏定不会受雨水侵扰……

还有另外一则英文谚语值得我们谨记：

如若月亮零落衰减，

则阴云朦胧的清晨之后，

下午是风煦日艳。

民间智慧与科学怀疑主义的结合，代表了中世纪气象年鉴与现代气象学论文之间动荡不稳的过渡，尽管事实证明，坎贝尔添加的诸多内容均为他剽窃所得【他所有云彩方面的资料皆为逐字逐句抄袭约翰·波因特牧师的《气象的合理解释》（1738 年）所得，导致《绅士杂志》出现了怒气冲冲的言语争论】。然而，“班伯里的牧羊人”长期备受欢迎，甚至到 20 世纪依然热度不减，表明了现代读者仍乐意接受其祖先久经考验的地方气象知识。

天意之云

《一千零一夜》中有一个不太为人所知的故事，讲的是有一个朝参暮礼的虔诚之人，上帝赐予他一朵雨云，无论他走到哪里，这朵雨云都会形影不离地伴其左右，让他可以随心所欲地饮水、沐浴。这样的情况一直持续，直到这位苦行僧卸下了心境中的那一瓣香，这时上帝便除去了他的雨云，不再回应他的任何祈祷。他凄苦异常，又心怀渴求，因失去了他的云伙伴而心烦意乱。然而有一天，当他在晚上入睡时，一个声音在他的梦境中对他说：

> 如若想要你的云重返身畔，就去某某国的某某国王那里，祈求他的祝福。听到国王虔诚祈祷中夹带的祝福，全能的上帝便会将云归还于你。
>
> 苦行僧拜访了国王，请求国王助他一臂之力，让云重回他的身边。
>
> 晨曦微露，国王便祈祷道："我的主啊，您的这位仆人求您赐还他的云，您是万能的神，无所不能。我的主啊，求您悦纳他的恳求，将云归还于他。"国王的妻子说："阿门。"于是，云彩在天际现身了。国王对苦行僧说："有好消息。"当苦行僧向他们辞别的时候，云又一如既往地跟随在他身后了。

在人们眼中，云通常是神圣存在的象征，在阿拉伯语中，有一句形容幸运或受祝福之人的名句："他的天空总是云彩盈盈。"W.G. 塞尔巴德在其 1998 年的作品《土星的光环》尾声如此描绘傍晚的天空：

> 午后的天穹中，滚滚的流云中裂开了一道缝隙，太阳的光芒从中射向地面，点亮了块块光斑，形成一个扇形图案，就像曾经出现在宗教图画中那般，象征着我们之上恩典与天意真实存在。

塞尔巴德笔下存在的天意使然的天空总是充满了曙暮光，这些来自太阳的光束通过低层大气中的微小颗粒和化合物而分散开来，为人类肉眼所视，其中最为常见的曙暮光类型被称作“雅各布天梯”，在《创世纪》中，雅各布做梦，梦到他攀着梯子从地球爬到天堂，沿途可以看见天使在上下穿梭。在夏威夷岛，这些光线被称为“毛伊岛的绳索”，在斯里兰卡，它们则被称为“佛光”，而根据威廉·福尔克的说法，它们在都铎时期被称为“圣灵的降临或圣母的升天，因为这些形象都是按照这种光线绘制的”。“雅各布天梯”不仅仅是气象学词汇中唯一的宗教参照词。经常伴随着布洛肯彩虹（出现在较低海拔的云层上的巨大阴影）出现的光学效应被称作“宝光”，因其外观与圣人的光环如出一辙；而符类天气图是弗朗西斯·高尔顿[1]参照《符类福音》命名的，它提供了关于基督奇迹的多种观点。

与“雅各布天梯”相比，鲜为人知的是两种向上照射的曙暮光，耶稣会诗人杰勒德·曼利·霍普金斯长篇大论地描述过这两种光线，而他本人终其一生，都在观察着天空。在1866年6月30日的一个午后，在瓢泼瓦灌的暴风雨中，他首次见到向上流动的光线。正如他在记录中所写的那样：“雷雨整日滂沱，雷鸣震耳欲聋，雷电上下驰掣。值天光璀璨之时，在遮天蔽日的流云之间，太阳自云后探出它那荫蔽之下的触角，无边无涯，炳若观火。”那日傍晚，落日沉没得格外无声无息。

霍普金斯所遇到的第二种更为千载难逢的曙暮光被称作“反曙暮光”，他因而与《自然》杂志进行了通信。在1882年11月和1883年11月，霍普金斯向《自然》杂志寄发了两封关于“日落时东方的阴影光线”的信件，

[1] 英国气象学家。——译者注

向下照射的曙暮光种类，被称为“雅各布天梯”

言辞热烈，满腔热忱。以下内容节选自第二封信件：

> 昨日卷云蔽空，仿佛干草场收割的刈痕；唯独在东方的天际，有一湾澄澈如洗的碧空，就在那里，阴影光线现形了。它细细长长，清淡无色，宛若一把张开的折扇，朝着四面八方熠熠生辉。这一现象从 3 点 30 分持续至 4 点 30 分左右。今日晴空万里，除却西方一处低矮的云层；在东方有一团蓝雾的“投影”，从中弥漫出玫瑰色与蓝色相间的宽阔带状物，边缘略微呈现毛细状。直至 4

> 点30分左右的日落时分我才觅得这团雾，它很快便消褪色彩了。我以前从未在遥远的北方见过这样的景象，但我曾在南海岸第一次见到它，我想它可能经常会闯入当地人们的视野中。这不过是一种特殊的视角带来的效果，却也不可思议、美不胜收。

反曙暮光的产生方式与曙暮光如出一辙，但反曙暮光不是向着太阳的方向聚射，而是从太阳的方向向外散射，这不过归因于一个简单的视角技巧：当观赏者背朝落日（或即将西下的太阳）时，他或她看到的是相反地平线上的一个点，称为反日点。这种光线相对稀少，部分原因是它们只有在夕阳西下时人们背朝落日才能被看见，正如霍普金斯所言："谁会在日落时分面朝东方呢？"实际上，产生曙暮光的云影几乎平行。这不过是一个视角的把戏，使这些光线看起来似乎是从一个点汇聚起来的，并且在从阳光满溢的云层上方高空拍摄的照片中清晰可见。

在以云为主的视角中，更为百年难遇、令人啧啧称奇的便是布洛肯彩虹。以此般视角观之，观赏者自身的影子会被投射在低垂的云幕上，同时被加以扭曲、放大。在18世纪，人们首次在德国北部的布洛肯峰上发现了此般奇景，布洛肯彩虹很快便成为浪漫时代登山者们心驰神往的景象。科勒律治是众多对此般幻象梦寐以求而登上布洛肯峰的人之一，在这个过程中，最令人心生惶念的是，你仅能看到你自己的投影。并排站立的两名登山者，各自仅能看到一个身影——他们投射在流云中的另一个自己。托马斯·德·昆西[1]曾长篇大论地写过有关布洛肯彩虹的文章，于他而言，最令人坐立不安的景象"不过是你自身的镜像，并且，在向他倾诉你埋藏在心底的小秘密时，你会将这只幽灵当成一面玄黑无底的、具有象征意味

[1] 英国散文家。——译者注

反曙暮光似乎是从地平线上与落日相对的一个点散开，呈现出扇形。事实上，产生这种光线的云影几乎是平行的。这不过是一个视角的把戏，使这些光看起来似乎是从一个单一的点汇聚起来的

的镜面，用以在白日灼光中反射那些必须被深藏的东西”。

早期关于布洛肯彩虹的一篇最佳描述，出现在1479年5月版的《绅士》杂志上。这是根据查尔斯·玛丽·德·拉·孔达米那[1]在南美洲航行时的一段描述撰写而成的。在这段航行中，他的队伍登上了帕姆巴马卡山，也就是在今日的厄瓜多尔：

[1] 法国科学家。——译者注

布洛肯彩虹，被投射在低矮云层上巨大的影子，卡米尔·弗莱马里恩，《大气》。事实上，每位登山者都仅仅能看到他们自己的影子，而看不到同伴们的影子

当一朵云消散之时，他们看见白日升起、光芒万丈；云彩转到他们这边时距离太阳最为遥远，每个人都看到自己的身影被投射到了云上，而且，那仅仅是自己的影子，因为云层的表面是不规则的。云层距离他们如此近，甚至能辨认出自己身影的每个部位，如臂膀、腿和头部。然而，当他们看到自己的头部饰有一圈宝光时，他们变得瞠目结舌、魂惊魄惕。宝光，或称光环，是由三到四个同心圆的皇冠构成，每环都斑斓艳丽，与彩虹中的主霓颜色别无二致……每位观赏者皆感到被奉若神明，每一个人都乐于看到自己头戴此辉煌的皇冠，却看不到周遭的人的帝王之相。

“宝光”常常与布洛肯彩虹如影随形。“宝光”是一种光学现象，由一团大小均匀的水滴散射（衍射）回光源产生。看起来便如一连串彩虹色的圆环围绕着观赏者被放大的影子，且仿佛幽灵一般，只能由被它单独围裹起来的观赏者看到，这令观赏过程更为诡秘可怖。

伴随着“宝光”出现的布洛肯彩虹，摄于意大利一处雾气弥漫的山腰

在詹姆斯·豪格[1]《一个被判罪的犯人的回忆和忏悔》（1824年）中，主人公乔治·科尔万在清晨登上“爱丁堡亚瑟王座”，他对“这片大地的荣光，正在他的脚下熠熠生辉”的景象目瞪口呆：

> 乔治对光圈欣赏有加，当他靠近云层表面时，光圈仍在进一步变宽，边界也变得愈发影影绰绰。在那迷蒙不清的云上，一道美丽无比的彩虹横空出世，于一片水平面上绵延不绝，并带有浅淡而明亮的色调，颜色仍是彩虹的颜色，但要更为清浅朦胧。然而，对于这种出现在清晨的人间奇景，除却牧童们给它起的名字“小彩虹幽灵”外，再无更佳的形容。

[1] 英国诗人、故事作家。——译者注

豪格声称，在18世纪80年代，当他还是牧羊人时，曾多次目睹布洛肯彩虹，因此，他写下《大自然的神灯》，生动形象地重现了他看见云中另一个自己时，心生的奇异与惊悚之感以及这一现象提供给他批判自省的机会：

> 我尽可能地将脸转向太阳，这样我便可以看清魔鬼在云中清晰的轮廓。有了！他的鼻子大约有半码长，脸至少有3码长。他咧开嘴哄然大笑，人们甚至会以为他刚吞下了这个国家体形最大的人。

他在《回忆录》中对布洛肯彩虹的描述却并不那么令人心悦诚服，因为他看到的不是“乔治”自己“在云中勾勒出来的巨大影子”，而是——根本不可能发生的——他那残暴的兄长罗伯特正被满城追捕的影像。乔治的影子是“一种契约或顿悟——一种神圣、自然和科学力量的启示”，这是文学学者梅科·奥哈洛兰在最近一本关于豪格的书中所指出的。布洛肯幽灵，已被证明是一种更为摄人心魂的文学造势，而非一种自然现象或被投射在云造的电影银幕上的梦幻景象。

设障之云

1743年10月，在一个白露凝霜的傍晚，本杰明·富兰克林[1]站在他位于费城的花园里，准备见证一场期待已久的月食。但令他倍感心灰意冷的

[1] 美国科学家。——译者注

是，一股浓浓郁郁的风暴云从西边侵袭而至，完完全全遮蔽了夜空。几天之后，他得知月食在邻近的新英格兰地区已清晰可见，而那里的风暴云直到月食结束之后才堪堪抵达。很快，富兰克林便将这股黯然神伤之情抛至脑后，因为他意识到这种季节性长期气候模式所具的含义，他没能观赏到月食，却反而因祸得福地得出关于风暴气旋运动的开创性理论。

云常被认作是和天文学不共戴天的仇敌。在沃尔特·惠特曼的诗歌《夜幕下的海畔》（1871 年）中，当阴云遮蔽了一位豆蔻少女眺向木星的视线，她便梨花带雨起来，因她心生忧念，恐怕那千里之遥的星球会被那“巧取豪夺、湮没万物、玄黑无边的流云”吞噬腹中。她的父亲向她保证道：

> 胜利女神定不会青睐那巧取豪夺的云彩，那天空也定不会为它们所长久侵占，它们只在幻象中吞噬星辰，土星还会再现身形。还请保持耐心，另寻一夜再顾天宇，昴宿星将浮现在长空。
>
> 游返金碧辉煌的幻象，宛若穿越一张帷幕。这幅画面令我回想起卡利班在《暴风雨》中描绘的梦境，在这场梦中，我以为阴云就要消散，露出的金银珠宝随时会砸我满怀，而怆然转醒时，我泪光盈盈地祈求再次返回梦境。

气象学家詹姆斯·格莱舍将自己对云产生的盎然兴趣归功于他在剑桥大学天文台度过的时光。“在天文观测时，”他回忆道，“我时常饶有兴致地观察云层的形状，每当一层云彩突然将星辰遮蔽起来，我便常常想对这些云快速形成的原因寻根究底。”很快，他便完全放弃了天文学，转而另起炉灶，投身天气研究，19 世纪 60 年代，他的气球在升空过程中与云层的距离近得破了记录。在富兰克林和格莱舍的案例中，天文学的损失即是气象学的收获，这一想法对于时运不济的法国天文学家纪尧姆·勒让蒂尔而言几乎算不上什么慰藉。由于英法交战，他错失了在印度观测 1761 年金星凌日[1]的良机，只得在印度又逗留 8 年，准备观测下一次的凌日。他在 1769 年的 6 月初注意到，本地治里[2]的天空几周以来一直保持着万里无云的状态，在这种情况下，他可以用 4.5 米直径的望远镜观测到木星的卫星。然而，在第二次凌日时（1769 年 6 月 4 日）的清晨，天空忽然阴云密布，整整一日，勒让蒂尔注定只能观测到那些云彩，除此之外别无他物。这次的无妄之灾将他推至精神错乱的边缘。“这是天文学家们常有的命运”，他在他的旅行回忆录《印度海航行之旅》中写道：

> 我已远行了数万里路，仿佛跨越了一片无边无涯的汪洋，将自己从故土放逐，却只为观测那片命中注定的云。那片云，它在我进行观测的那一刹那现身在太阳面前，褫夺了我吞声忍泪、力倦神疲得来的硕果……

还有比纪尧姆·勒让蒂尔更加时运不济的实地考察工作者，成为那朵“命中注定之云”的牺牲品吗？

最后一个（也是令人眉舒目展一点儿的）例子：若 1919 年 5 月 29 日下午普林西比岛上空的阴云没有消散，20 世纪的科学道路或许便会改向。4 年前，阿尔伯特·爱因斯坦发表了他的广义相对论，其中，他假设来自遥远恒星的光受太阳的引力场而“弯曲”。唯一能够检验这一说法的现实方法是在 1919 年的日全食期间，当太阳将要穿过毕宿星团的时候进行，其熠熠夺目的光辉将为测量太阳偏转提供充分的机会。由天文学家亚瑟·艾丁顿率领的考察小组从两个地点出发来对日食进行拍摄，一处在巴西，另

[1] 凌日指太阳被一个小暗星体遮挡的现象。——译者注

[2] 印度东岸城市。——译者注

一处在几内亚湾偏远的普林西比岛上。在日食发生当日的清晨，普林西比岛上云层浓厚，极有可能会破坏这次的科学考察，但天空却奇迹般地云开雾散、清扫一新。艾丁顿在总共六分半钟的时间里拍摄了数十张照片，分析表明，来自遥远恒星的光确实如爱因斯坦所预测的那样被太阳偏转了方向。分析结果在那年的晚些时候，在皇家学会的一次会议上被公布，爱因斯坦的名字便在一夜之间变得妇孺皆知了。伦敦的《泰晤士报》登出了一行大字标题“科学革命——宇宙新论——牛顿思想的倒台”，而《纽约时报》则登出了“天际万千光线皆为偏折：爱因斯坦的理论大获全胜”。然而，如果那天下午日食开始时，普林西比岛上空的云层仍未消散，爱因斯坦的相对论便可能在其有生之年永远无法得到证明，使得 $E=mc^2$ 最终成为另一个被人们遗忘的方程式，长久蒙尘于世人的记忆之中。

自上观云

升至云层之上，便如同将地球上的元素颠倒过来一般，是一种气势磅礴的神话逆转。在 18 世纪后期热气球破云之前，欧洲自上俯视过云流的人少之甚少，日记作者约翰·伊夫林便是其中之一。1644 年夏季，于他而言，在阿尔卑斯山上与一群层云的相逢仿佛胜却人间无数，这是令他终生难忘的一幕：

> 我们在上升之时与一群浓密厚实的黑云不期而遇。它们看上去仿佛不远之处的岩石，在距离我们约一千米多的上空。它们是一团干燥迷蒙的蒸汽，高高悬挂，如此庞大，浓浓郁郁，完完全全遮挡了阳光与陆地，我们甚至感觉身处汪洋中，而非云朵中。

> 直至我们穿云而过，进入到万籁俱寂的空际，就好似进入到人间烟火的上方，这时，阿尔卑斯山看起来愈发宛若一块广袤的岛屿，比任何一座山川峰峦都要广阔无垠。我们除却一片浓浓郁郁的云什么都看不见，那云就如滔天巨浪般在我们的脚下滚动……这是我此生见过的最令人喜乐、最新颖也是最令人啧啧称奇的景象之一。

穿越云层，意味着完全脱离人类的王国，进入到“最为静谧的天堂”，在这里，世俗的杂念荡然无存。威廉·华兹华斯在其自传体长诗《序曲》（1850 年）的结尾处也采用了同样的上帝视角，他在诗中回忆了在斯诺登山的一次攀登经历，那次的攀登，以俯瞰下方云景的超凡脱俗的视角画下句号：

> 在我脚下的
> 是一片万籁无声的灰白雾海。
> 一百座山——它们那昏暗的背脊——
> 在这片寂静的沧海中起伏不定；远处，
> 千里之遥外，那结实的蒸汽绵延不绝，
> 形似海角、舌头和隆起之物，
> 投身于大西洋的怀抱……

这是一个辉煌壮阔的元素逆转时刻，其中“结实”的云层超越了陆地与海洋，幻变为湮没山丘与山谷的空中海洋。这种与“云顶”狂想曲式的相遇，已然成为早期热气球文学的主要内容，例如托马斯·鲍得温的《爱洛派迪亚》（1786 年），在书中，他充满敬畏之情，描述正在上升的热气球吊篮下方的云海：

最低层的蒸汽首先变作云彩的模样，呈现出纯白无瑕的色泽，随着彼此分离的“羊毛”而上升，数量扶摇直上。它们很快便集腋成裘，扩大至一片绵软的沧海，但色泽更为白皙，更为明艳生辉。在空气的轻轻包裹和四面八方轻柔微风的吹拂下，它们乌集鳞萃地簇拥在一起，但这儿没有一丝喧嚣，没有一毫纷攘，整个世界化作了一片广袤无垠的苍穹，变幻成了一层纤薄如轻纱的云朵……贯彻这片白亮亮的云层，大片波澜壮阔、辉煌夺目的雷雨云琼堆玉砌地升腾而起，漫无边际、星罗棋布，每一团云朵皆是极致密集，面积足有数十公亩大。

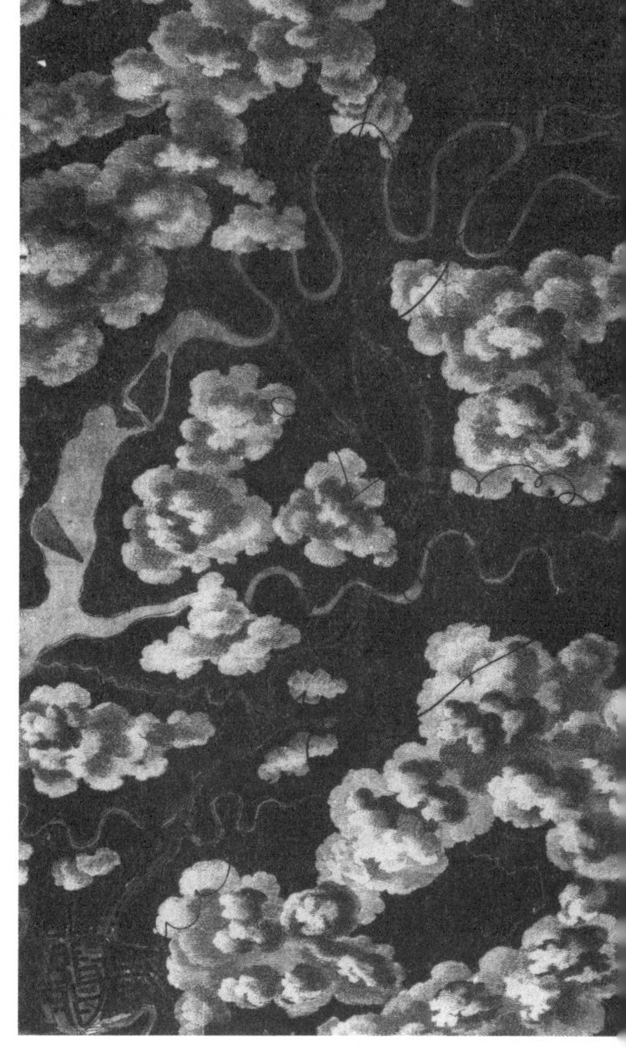

托马斯·鲍得温的《爱洛派迪亚》中从云层上方俯瞰的热气球之景（1786年）

热气球运动最初可能属于一种空中冒险运动，但它很快便成为了一种至关重要的气象工具，同时，它也将各式各样的科学仪器带上云端。在1785年一次横跨英吉利海峡的飞行中，热气球成为了世界上第一种航空邮递工具。19世纪60年代，气象学家詹姆斯·格莱舍说服英国科学促进协会赞助了一项重要的大气研究项目，以“高空大气的吸湿性以及其他条件”为主题，出版《空中旅行》（1871年）一书，笔墨间，搭乘热气球在近期分类的云中飞越的故事令人欢欣鼓舞，维多利亚时代的读者为此啧啧称奇：

一幅最为夺人眼球的景象出现了：明朗的天幕呈现出明媚的靛青色，缀着朵朵卷云。在肉眼可及之处，大地和它的田野看上去着实美丽无比……这儿遁身于庞大的积云和积层云海中，流云之下的国家因此蒙上了数百平方千米的阴影……正北方，一朵美不胜收的云彩尾随着我们的航线飘荡，富丽堂皇、至尊无二，因其波澜壮阔之象而被称为“云之帝王”。

1862年9月5日，在格莱舍最为家喻户晓的一次飞行中，他和他的副驾驶亨利·克斯维尔乘热气球飞升至略高于11000米的高度，因此，他们成为第一批进入平流层稀薄大气中的人。然而，这两个人都差点死于这次尝试飞行。格莱舍在飞升至将近9000米的高度时，由于缺氧陷入昏迷，留克斯维尔一人拖着在低于0℃的气温下被冻僵的双手在吊篮上攀爬，用牙齿撬开了一个破损的阀门。如理查德·霍姆斯所言，随着热气球的横空出世，“一种全然崭新的升华”应运而生，其中，人们对向上攀升的恐惧和对向下坠落的恐惧一样刻骨铭心。同样，这也将天使从天空中扫除一新，正如斯蒂芬·奥德基的小说《云的理论》（2005年）中，那个经常为云笼罩的主人公所说：“取而代之的，是搭乘热气球或飞机的人们。”奥德基

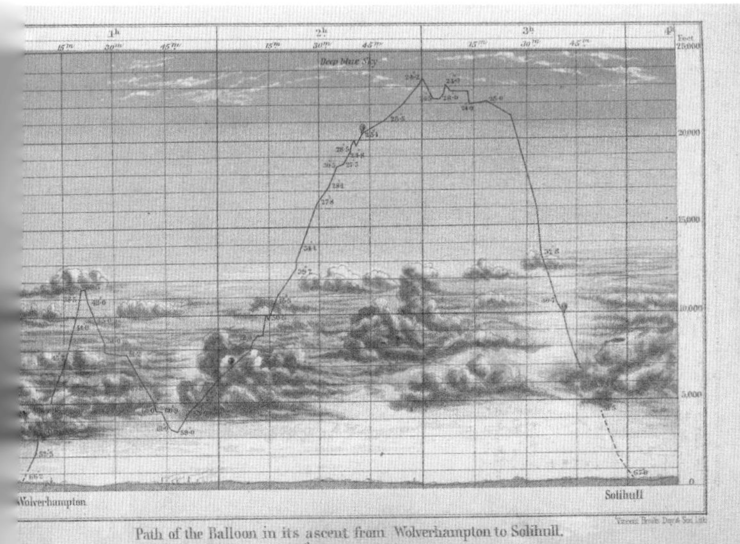

詹姆斯·格莱舍《空中旅行》（1871 年）中的图表，显示了格莱舍的一次热气球升空时的飞行距离及飞升高度

法国航空公司 20 世纪 40 年代的宣传海报，“飞向新天外”

讲述了一位日本云文化收藏家和一位受雇为其在巴黎的巨大图书馆内担任档案保管员的人一起穿越时空的故事。在档案保管员工作时，收藏家描述了人类对云的理解史，从古代的神话传说讲到现代云的分类和预测史。他观察到，自 20 世纪中叶以来，大众航空已经让每个人都能体验到云层上方天空那极致的澄澈与湛蓝。

大气层不再是未卜之地了。索尔·贝娄[1]的小说《雨王韩德森》（1959 年）中的叙述者说：“我们是第一代能看到云的两面的人。这特权真棒！起初，人们梦想着向上行进。现在，他们既梦想向上，也梦想向下。这注

[1]　美国作家。——译者注

从飞机舷窗看到的这幅景象显示了两层截然不同的云：下面的是厚重的积层云，漫无边际；而在 3000 米或 4000 米上方，一层结满冰晶的卷层云将照射进来的阳光折射成雅致的紫色和红色

自上看到的云：伍尔沃斯大厦被包裹在云层中，纽约，1928 年

定会改变些什么。”琼妮 · 米切尔[1]爆火的歌曲《两面，现在》（1969 年）的灵感便来自于贝娄的小说，于她而言，这确确实实改变了一切。后来，她在接受音乐家兼广播员马尔卡 · 马隆的采访时回忆道：

> 我是在飞机上读到的第 28 页，我想是的。他在飞机上，向下观望流云，我说：“啊！我就在飞机上向下看云呢。”我放下书，凝望着飞机舷窗外，开始写歌。

[1] 加拿大传奇音乐家。——译者注

金门大桥从流云顶层款款浮现

米切尔之所以在空中谱写歌曲，是因为技术的奇迹让我们在云上也能博览五车。这样庄严又安详的景象在德里克·沃尔科特[1]的封笔诗集《白鹭》（2010年）中的最后一首无题诗中得到了震撼人心的逆转。

在诗中，他将阅读的行为比作透过云层的罅隙窥探世间，“这一页是一片云”，他写道，在这些磨损的页边之间，充满奇思妙想的美景浮现开来，海岬、山川、沟壑累累的沧海——然而，翻阅越多，迷雾便消散得越发清晰，直至不可避免地，“一片云慢条斯理地覆住页面，再一次化为纯白，而这本书便翻到终章了”。

在这篇故事中，云不再是一块投射我们思想观念的、变幻莫测的魔幻屏幕，而是一张薄情落下的终场帷幕，以其光芒万丈而又磅礴强盛的白色，将奇思妙想的王国层层围起。

[1] 圣卢西亚诗人。——译者注

第二章　云之博物志

莎莉：“云有多高呢，莱纳斯？”

莱纳斯：“哦，它们可高得不同。有些‘远在天边’，有些‘近在眼前’。”

查理·布朗：“这算什么解释？”

莱纳斯：“有的时候，最好还是用外行人的话来解释。”

——查尔斯·M. 舒尔茨，《你能行，查理·布朗》，1963 年较之博物志的其他分支，气象学发展较迟，直至 19 世纪才确立为系统研究的学科。原因之一便是便携式样品的发现和采集实践起来困难重重。正如英国气象学家威廉·克莱门特·利在 1879 年的一次演讲中指出的那样："我无法将一朵卷云或积云带入这个房间，然后着手研究或指出其特性。"同样地，折下一段彩虹或采集一片风的样本以便进行室内研究，这也不过是痴人说梦。气象学是研究在距观测者一定距离之外所发生的转瞬即逝的复杂现象的科学，因而，永远也不能指望其摇身变作一门算无遗策的精密科学。气象学充其量也不过是在大气的不可端倪中，对事物发生的叙事顺序探幽穷赜，就如同热气球驾驶者詹姆斯·格莱舍恰如其分的描述："这片深不可测的空际沧海是'瞬息万变的大实验室'。"本章首先将对一些最早进行的系统性尝试进行讲述，以了解云朵和气候的性质，然后将继续概述当前气象学研究中云彩方面的知识，最后以对十种主要云类的介绍画上句号。

亚里士多德的"蒸散物"

亚里士多德是古典世界中叱咤风云的哲学家、科学家，其著作之一便是《气象学》（约公元前 340 年），这是第一部全面论述天气的著作。该文章开篇便将宇宙划分为两个主要区域：月上的天空区域、月下的陆地区域。前者属于天文学的领域（恒星研究），后者属于气象学的领域——用《约翰逊词典》中的话来说便是"在空气或天穹之中，万事万物皆潋滟流动，皆稍纵即逝"，此即为"气象学"。根据这样的定义，云被归至气象类，宛如风、风暴和（存疑的）地震。

亚里士多德划分的陆地区域由土、空气、火和水这四种基本元素构成，以同心层的形式环绕着地球。然而，这些元素始终处于瞬息万变的状态，能量持续不断地融合、分离，它们之间频繁地碰撞导致了大气层中“蒸汽”和“蒸散物”的形成。例如，太阳的热量与寒冷潮湿的水混合形成一种全新的空气状物质，流云和雨水便从中诞生，而雷电则由云层内部干燥蒸散物在大气中凝结、碰撞引起。云的形状五花八门，雷的声音也因而千差万别。

关于宇宙形成思想，亚里士多德最为炳炳凿凿的一番表述，可在奥维德于1世纪创作的《变形记》开篇中找到：

> 世间各处，皆有空气浮浮荡荡，重于那滚烫的以太，或轻于那泥土与弱水。神灵于空气中布下迷雾与流云，布下注定骇目惊心的闪电；他又布下万钧雷霆、驰掣疾风，以将那娩于流云的闪电带出。

在接下来的两千年里，亚里士多德主义在西方的科学与哲学中独占鳌头，不计其数的罗马作者开始通过编纂科学选集，以此留存希腊此般探索的精神，例如塞涅卡于62年左右着手撰写的10卷本《自然问题》。对于塞涅卡而言，云正是天气的引擎，直接影响着雷、闪电、雨和彩虹，也间接控制着大气的整体形状：“云——与大气息息相关，大气凝结于云，支离于云——时而麇集蜂萃，时而星飞沙散，时而纹丝不动。”

罗马诗人卢克莱修在其《物性论》（约公元前50年）中，对于云的形成首次提出了一种非亚里士多德主义的解释。根据他的解释，上层大气中粗糙物质的原子骤然麇集在一起，形成了体积更为波澜壮阔，能够承载雨水的结构：

> 现在云朵逐队成群，散布于天际，

当凹凸不平而细微的部分高高耸立，
它们可能像微弱的纽带互相缠系。
这些小巧玲珑的云朵受风儿的推动，
与其他别无二致的小云朵比肩联袂，
它们的数量便扶摇直上，终而变成
浓郁的云层。
暴风骤雨的摇篮形成。

这段话摘自托马斯·克里奇1682年家喻户晓的诗篇，对18世纪卢克莱修“云的形成”原子论方式的复兴产生了极大影响，与此同时，亚里士多德主义的电照风行亦终于开始偃旗息鼓。

云学初露锋芒

18、19世纪大气科学日新月异，人们对云的形成问题愈发关注。大家提出了许多针锋相对的假设，其中包括“溶媒”理论，该理论以炼金术中一种溶剂的术语命名。该理论认为，空气中的酸性物质会将水腐蚀成云状，并使之保持飘浮状态，如同酸“云集”于金属的表面。另一种解释称，火焰粒子自太阳光中分离出来并附着在水滴上，形成了轻于空气的分子。这些分子在空气中升腾，以云的形式互相结合。这些炽热的颗粒之后便彼此分离，从云朵中释放出水，水受重力的影响向下坠落，雨便如此诞生了。

在中国，人们普遍认为“云来自山峦群峰”，但中国台湾气象学家王宝贯在开始寻觅传说中的云源时发现，在台湾的任何一座山麓小丘上，云的“中央存储库”均杳无踪迹。

所有的假设中，最广为流传的理论是“气泡”理论。该理论认为，水的微粒在太阳的作用下形成中空的球体，球体中充满了高度稀薄的空气，这种轻于大气的空气便宛若气球一般上升，形成了云。当这些气泡“破裂”时，便会产生降雨。该假设看似合情合理，似乎回答了最为棘手的问题：如若云是由水形成的——水的密度是空气的一百倍——那么它们是如何保持飘浮于空中的状态的？气泡理论的影响举足轻重，以至于高山科学的先驱霍拉斯 – 本尼迪克特 · 德 · 索绪尔都声称在 18 世纪 80 年代的一次登山探险中看到了云泡，水滴“在他面前慢条斯理地飘浮着，直径比豌豆要大，其覆盖层似乎稀薄得令人难以置信”。

然而没有一种解释经得起时间的考验。如奥利弗 · 歌德史密斯在其《地球历史》与《动画自然》（1774 年）中所言，“每一朵悠悠飘动的云，每一场滔滔降临的雨，皆是为了打压哲学家的矜魄骄心，为他们展示遁形于空气和弱水中的难以解释的特性”。现代气象学的第一次真正突破是在 1802 年 12 月。一个夜晚，一位名叫卢克 · 霍华德的年轻业余气象学家在伦敦一家科学俱乐部里发表了一次演讲，提出了一种全新的云彩分类和命名法。这篇演讲即刻激起千层浪，在 1803 年正式发表后的几年时间里，彻底地改变了我们对天空的认知。

霍华德是一名职业药剂师，同时也是一名气象学者，自小便对云彩和气候心驰神往。小学时，他每天花数小时盯着教室的窗外，屏息凝视飘荡而过的流云。和那时的所有人一样，他对云的形成一无所知，亦不清楚云朵是如何悬浮在空中的。但他后来回忆道，他“明察之目已然在流云点缀的天空那时时焕然的美景中深深沦陷”。

霍华德自己也承认，他几乎没怎么在课业上下过功夫，但幸运的是，自气象学未来的角度观之，他在拉丁语的知识上已然学富五车了。拉丁语那时仍然是科学界交流的首选语言。1802 年，霍华德发表了一篇意义非凡的演讲。那时他已定居于普莱斯托（一座位于伦敦郊外的村落），每日步行上班显然又重新点燃了他对天空的盎然兴致。“我时常在天空下来回走动，”他写道，“我可以多花一分钟经常观察天空及云层了，我的作品也因此命名为《论云的变型及其他》。”这篇文章首先提交给了“阿斯克协会”。

每日步行上班很可能发挥了作用，但霍华德的想法也受到了约翰·道尔顿著作的影响。道尔顿满腹经纶，他在《气象随笔》（1793 年）中表示：云朵远非莎士比亚笔下的“空想的虚无缥缈”，它与自然界中的万事万物都遵循着同一套物理定律。道尔顿通过直觉得知，一旦水从蒸汽凝结成液滴，便会受到与地面上相同的力的作用。换言之，云并不像看起来那样“飘浮”于空际，而是受重力影响在缓缓下沉。在被太阳加热的地面的向上对流（这些对流由具有强空气阻力的微小水滴形成）的影响之下，部分云便保持着飘浮于高空的状态，但大多数云仍处于悠然缓慢的下降状态，宛若芭蕾舞一般。这一事实在很大程度上解释了云朵的动向，尤其是高云下落和绵延成层的方式。

霍华德的分类基于一种深入浅出的敏锐洞察力，即云的形状千姿百态，而基本的形状仅有寥寥几种。实际上，所有的云都属于三种基本形式之一，霍华德将其命名为卷云（源自于拉丁语，意为“纤维”或“头发”）、积云（意为“堆积”或“累积”）和层云（意为“层”或“片”）。他在学校里所学的拉丁文终于实现了价值。

然而他的过人之处可不止这点。如霍华德在其演讲中所指，云经久不息地移形换步，它们融合、飞升、沉落、绵延，在整个大气层中，很少保持相同的形状超过几分钟。

一套行之有效的分类系统，必须要迎合云的本质属性：动荡不稳。所以除了三种主要类型的云（卷云、积云和层云）之外，他还引入了一系列中间类型和复合类型，以此来表示云类之间常见的过渡转换，反映它们的

镌版展现了三种主要的云类——卷云、积云和层云，来自霍华德1803年的文章《论云的变型及其他》

结构转换。巍然高耸的纤细卷云沉落并绵延至层状，被命名为卷层云（cirrostratus）；由诸多毛茸茸的积云聚属并扩散而成的云类，则被命名为层积云（stratocumulus）。因此，云形状或高度的变化可以通过词序的变化来进行推敲，其中前缀“cirro”表示高云，“cumulo”表示层叠状的低云，“alto”则表示中云。霍华德在其最初的演讲中总共命名了七种云，最后以雨云（nimbus）结束，他将其描述为三种主要云类承载着雨水的结合体。他说这个系统十分简单，一旦学会，云朵便会“如万木与万川、万川与万湖一般彼此区别开来”。

这个系统看似简单易懂，但匠心独具之处在于其接受了云的千变万化，同时提供了一种叙事框架，一种推敲云瞬息万变的方法。在这篇文章中，云非静止不动的物体，而是动态过程中互相连接的阶段，因而观察层云是如何“上升并蒸发，或随着初生积云的出现而荡然消散”，就意味着去认识每一片云的变形潜力。

正是这种温婉雅致而行云流水的方案，解决了自然界中过渡形式的命

卢克·霍华德的水彩，约1803年至1811年创作，描绘了一片高卷云下方的卷积云

卢克·霍华德《云的理论》，约1803年。霍华德在这幅小朵积雨云的水彩画上标注道："雨水打在地面上，砧状云弥漫开来。"

名问题，引起了伟大的德国学者约翰·沃尔夫冈·冯·歌德的关注，他于1815年的翻译版本中偶然间发现了霍华德的分类。相当巧合，因为歌德最近正专注于一个全新的研究领域，他将之称为形态学（"形式的科学"）。歌德的形态学是建立在所有自然模式和构成相互联系的基础上的，其中像云这样的事物被看作是与其他所有自然界动态形式（如漩涡、雪花或落叶）塑造力相同的表现。

他声称在自然界中，可以说从来没有任何一刻是波澜不兴的。歌德很早便对云朵和气候魂牵梦绕。1786年9月3日，他在意大利旅行日记中的开篇写道，他向德国阴沉沉的长空点头辞别时，天际"上层的云宛如布满条纹的羊毛，下层的云则是千钧重负"。于他而言，云彩的新型分类是形态学中"缺失的线索"。在其言辞热烈、满腔热忱的文章《霍华德所言的云彩形状》中，歌德盛赞其为至纯至粹的时刻，是未经染指的明察大自然“整体性”的时刻。“霍华德的文章有多么令我心花怒放，”他写道，“我就有多么不敢苟同‘无形’和‘无限变形’的系统继承。这将贯穿我整个科学、艺术的实践。”

然而，这篇文章不过是拉开了序幕。对于霍华德云彩的分类，歌德赞赏有加，感激涕零之情油然而生，由此创作出超凡脱俗的诗句以表敬意：那就是《致敬霍华德》，歌德在诗中开始探讨三大云类的脾性和构成：

层云

大海万籁无声的怀抱之上，
冷雾宛若绵延不绝的穹苍；
月散开了她那朦胧的光华，
一只精灵，无别于世间其他。
此时至纯至粹、至明至璨，
我们欢愉天真、幸福微颤。
后来它在黯淡的山上耸立，
绵延舒卷地蜿蜒、斗折蛇移。
它在半空中弥漫开来，此时
它沉于雨珠，或翱翔于天际。

积云

它仍在翱翔，仿佛是上天召唤，
将其推至天国最崇高的神殿；
它高悬云端，那般我武惟扬，
它堂哉皇哉，那般金碧辉煌；
魂中万千隐念似在潋滟流露，

它战栗，又眉宇微蹙。

卷云

蒸汽翻卷，越卷越屹立巍然，
胜利是灵魂那最高贵的冲燃！
如一只披着银亮长袍的羔羊，
蓬松茸毛于露水中分散荡漾；
抑或轻飘至那国度，那般安详，
在天父怀中得款待，那般甜蜜。

1817年，这些诗首次以德语出版，着重描画了不同云类之间的结构联系，如霍华德在他对云彩的分类中所描述的那样。但诗中同样也表现了对云的不同脾性的敏锐观察。于歌德而言，全新的云彩分类之所以令他心驰神往，是因为该分类对空中的世界盛赞有加，而非企图施以遏制，同时也将云形成的有形力量纳入了考虑范畴，并将诗歌与情感反应的无形力量送至人们耳畔，从而使人类与天空的关系发生了转变。歌德在1822年致霍华德的最后一首诗中试图表达这一想法，作为对之前所写诗句的解释。该诗于近期被翻译为英文：

然而霍华德凭借其越发清晰的脑筋
为人类带来了那般崭新的经验知识。
未有一只手能够触及、能够握住之物，
他第一个得到并在精神上将其掌握住。
疑虑已烟消云散，界限亦已确定无恙，
并且恰如其分地命名。愿你受人崇敬！

当云朵儿飞升又层叠，而后绵延又沉落，

令世间忆起你，那指点所有谜团的你。

通过这首诗，歌德与霍华德进行了简讯联系。歌德让霍德华将其生活记录下来并寄送给他，“好让我了解这样一位旷世奇才是如何被培养出来的”。这位英国的谦谦君子对此进行了回复，讲述了他在学校中所受教育的局限性，“我因此自命为科学家，不过是装模作样罢了”，这令年纪稍大的歌德喜上眉梢，因为霍华德的性格为他示范了“大自然乐于展现自己的最佳人选”。歌德日记中的一首诗证实了这段友谊对他产生的日久月深的影响：

霍华德的学生啊，真不可思议，

每日清晨，你环顾四周和上方，

看那薄雾是沉落还是升起，

看那云朵又变成何种模样。

歌德在德语世界中将霍华德对云彩的分类推而广之，并特别将他推荐给相识的艺术家们。作为一名 15 岁的艺术系学生，弗里德里希 · 普雷勒收到了一篇歌德给他的霍华德的文章。歌德要求他“读一读那篇文章，然后观察云的各种形状，再给我清清楚楚地画下来”。普雷勒欣然答应，并且在他后来的许多作品中都继续描摹着流云密布的天空。

德累斯顿的画家卡尔 · 古斯塔夫 · 卡鲁斯和约翰 · 克里斯蒂安 · 达尔也从歌德那里得到了类似的指示。卡鲁斯是一位超群拔萃的医生和博物学家，同时也是一位画家，他对《致敬霍华德》这篇文章尤为称赞。一读毕文章，他便意识到如何调和科学分析与创作自由这一问题已有了解答。在给儿子

卢克·霍华德，《云的理论》，约 1808—1811 年，水彩。这张近距离观察所绘的水彩画，展现了平行分布的卷云的纤维状云带是如何从地平线上喷薄而出的

恩斯特的信中，卡鲁斯对歌德的诗赞不绝口：

> 如若没有前期对大气进行艰苦卓绝、旷日持久的研究，便不可能写出关于云的这些诗歌。诗人必须进行观测、判断和辨别，直到他学得了关于云形成的知识（从感官可证），收获了有助于取得科学研究成果的洞察力。在这种种之后，是心灵的明眸将现象的万千光华连珠合璧，并在艺术的神奇中反映出整体的本质。

他陶醉在云彩的新命名中无法自拔，这在其 1823 年 10 月的一篇日记的开篇中有据可考。在文中，他记录了“一天的晚上，水汽在高空中萃集为缕缕漫长的卷层云”，而“在西边，丝丝毛丛状的云朵宛若海浪，前赴卡尔·古斯塔夫·卡鲁斯，《歌德纪念碑》，1832 年，油画。这是一幅理想化的画面，画中歌德位于魏玛的墓碑被迁移至云雾缭绕的山脉上。歌德推荐卡鲁斯对云进行研究。卡鲁斯是医生、博物学家，同时也是一位家喻户晓的风景画家

后继地横亘于苍穹之上”。

然而在歌德的人际圈中，并非人人都对这样全新的气象学欣然接受。卡斯帕·大卫·弗里德里希是卡鲁斯在德雷斯顿的艺术导师，他对此不以为然，将其视作“将无拘无束而虚无缥缈的云朵强行代入僵化生锈的秩序与分门别类中”的科学尝试，认为云的晦涩和不受拘束本身便是其宝贵的属性。弗里德里希的《雾海上的漫游者》（1818年）是德国浪漫主义文学的象征，在他看来，云是创作自由和思想自由的旗帜，同样也是通往神圣国度的门户，应任其自由自在。

歌德的数首云诗并非展现云形式的个例。珀西·雪莱的近现代诗歌作品《云》（1820年）中，霍华德的云彩分类跃然纸上，人类的创造力同时被带至一种深入大气的沉思默想之中。云的七种形态依次以潋滟流转、变幻多端的有机体形式出现，并以一种勾魂摄魄、略带戏谑的第一人称口吻向读者娓娓道来：

我为饥渴的繁花携来春风雨露，
自沧海与溪流之中；
我替嫩叶铺上暗香疏影的荫蔽，
当湎于午后美梦中；
自我羽尖流落的露珠，唤醒了
一枝枝甜蜜的花苞，

弗里德里希·普雷勒，《海岸风暴》，1856 年，油画。在普雷勒还是德累斯顿的一名学生时，他受歌德的鼓舞开始画云。歌德曾给了他一篇霍华德文章的译文

当她们于摇篮般的怀抱中沉睡，

母亲正绕舞于金阳。

我挥打冰雹制的枷，

让那碧绿的原野变得璧白亮莹；

再以雨水将其浸融，
我开怀大笑，走过隆隆的雷鸣。

第一段诗节描写的是积云、层云和积雨云，随后继续描绘起卷云（月亮“朦光璨璨，滑翔于我羊毛般的毯上”）、卷积云（“当我撑大我那以风织就的帐篷上的罅隙”）和卷层云（“我用熊熊燃烧的缎带裹住太阳的王座，用珍珠光泽的腰封环绕了月亮”）。

云的所有变幻均在雪莱的笔下款款浮现出来，体现出云单调或千变万化的脾性，令人直接了解和参考到霍华德的论点：云朵琼堆玉砌，便形成了彼此，并星沙般地零散成我们能够识别的模样。雪莱的云朵日月经天、变幻多端，暗示着永生——“我千变万化，但亘古不亡”——这是对整个大气系统人格化的登峰造极：

我乃大地与水之女儿，
亦受苍穹哺养；
我穿越海陆万千罅隙，
我千变万化，但亘古不亡。
因雨后碧空洁净，
亦然纤尘无影，
和风丽日以崭突光芒
竖起湛蓝穹顶，
我默然讥笑吾之墓碑，
钻离雨之洞隙，
若婴脱子宫，鬼魂离墓，
我升空，再毁之。

如最后一诗节所述，水圈的循环一直被认作是自然界中最和谐的系统之一。事实上，雪莱的《云》源自于近期翻译的一首赫赫有名的梵文水诗《云使》。该诗由5世纪的印度教诗人迦梨陀娑创作，其在浪漫主义诗人中被誉为“印度的莎士比亚”。这首古诗讲述了印度教财神仆人不幸的故事，他因得罪主人而被贬谪流放至山间。观望着向南聚属的流云，仆人备受触动，恳请其中一朵云将他的哀伤之情送至他遗留的爱妻身畔。随后便想象着云担负着这仁慈的使命向北飘荡的旅程：

纳加纳迪河岸上，你弱水倾露，
抬起柔弱茉莉花慵懒的头颅。
你再赐予那须臾片刻的荫蔽，
阴影处，少女对良云爱慕无比。
当她们寻觅着材料制作花环，
灼阳炽烤着她们娇嫩的脸蛋，
其耳畔莲花谢了，追逐也徒劳，
已因汗湿了面颊而虚弱疲劳。

菩萨心肠的云将爱的音讯如雨点般洒落，随后便返至山峦，通过对流和凝结作用使自己再度载满雨水。雪莱的《云》因而令近代的科学创新与古代的诗情画意浑然一体，此两者均与大气环流的奥秘息息相关。

霍华德之后的云

在作品出版之后的几十年里，霍华德的分类经历了一系列的更改和修正，其中包括将一般的云划分为不同的种类，如浓积云和碎积云，以及引入新的中层云族的高层云和高积云。那时候，将云按照高度而非形状分类的想法已然获得了世人的首肯心折。1887 年，乌普萨拉大学的雨果·H. 希尔德布拉松教授和皇家气象学会的拉尔夫·艾伯克龙比教授两位杰出的气象学家提出了一种全新的国际云彩分类法，即将云划分为三种高度等级：低云、中云和高云。不少人怨声载道，认为与霍华德的分类不相一致。针对这一反应，他们回复道："最主要的想法是：对云的命名，远不如所有观测者对同一朵云使用相同的名字重要。"他们全球统一的分类法获得了八方支持，在 1890 年，第一本多语种、带插图的云图在汉堡出版。其中，霍华德最初分类的七种云被扩展为十种：卷云、卷层云、卷积云、高积云、高层云、层积云、雨云、积云、积雨云和层云。

与此同时，国际上对于拟议的分类法提出了一个显而易见的问题：世界各地的云朵都是千篇一律的吗？贵族出身的艾伯克龙比教授花费了两年的时间和继承的大半财富周游世界寻找答案，返程后出版了一本非同凡响的回忆录，名为《诸多纬度上的海洋和天空——四处寻觅气候》（1888 年）。斐利亚·福克[1]与一往无前的艾伯克龙比分外相像（不仅是因为他那令人印象深刻的上了蜡的小胡子），艾伯克龙比书中的一些段落着实令人想起儒勒·凡尔纳的小说，特别是在《热气球上的五星期》（1863 年）中，叙事者注意到"吊篮下方堆满了云朵。它们翻来滚去，在反射太阳光时形成了一团凌乱至极的光"。然而在持续观测方面，《诸多纬度上的海洋和天空》确确实实为一部旷世杰作。最终，艾伯克龙比得出结论，云彩大致可分为两大类——堆积状和层叠状，前者在较为温暖的气候中屡见不鲜，后者在寒冷地区则更为常见："赤道附近的天空总是或多或少地流云密布，

[1] 儒勒·凡尔纳小说《八十天环游地球》中的人物。——译者注

卡斯帕·大卫·弗里德里希，《雾海上的漫游者》，1818年，油画。弗里德里希精彩绝伦的画作更多体现的是神学，而非气象。该画作借鉴了马丁·路德的德文版《圣经》，其中写道：“地球上升腾起一片迷雾，此乃万千大陆的春风雨露。”（《创世纪》第2章第6节）

大部分都是小型的信风积云，从东北方向前斜移；在更为遥远的南方，取而代之的是薄如轻纱的片状云，从地平线上看去便与威尼斯百叶窗如出一辙。”

虽然艾伯克龙比的船载观测法已然被卫星技术取而代之，但美国国家航空航天局最近发布的一张世界云图证实了赤道地区相对云量的图像。这种云带是由大规模环流模式（称为“哈德来环流圈”）造成的。在这种模式中，冷空气在赤道以北、以南 30° 纬度线附近下沉，而暖空气则在赤道附近上升。这些不稳定的聚合导致水蒸气凝结成云，在热带辐合带地区形成了可观的雷云带。

每时每刻，近 70% 的地球表面都被云层覆盖，特别是在海洋上，上涌现象（来自海洋深处温度较低的水上升，以取代表层的水）令海面产生一层冷水，即刻将其上方的空气冷却，形成低层积云。云类之中，层积云是地球上数量最为庞大的云类，通常能随时覆盖五分之一的地表。

随着汉堡云图的出版，国际气象会议召集了“云委员会”，以对 1896 年出版的官方全球云图的创建进行监督，并将 1896 年命名为“国际云年”。它的出现，标志着霍华德的云彩命名法最终在全球范围内采用。将 1802 年的原始分类与 1896 年发布的版本进行比较，便能了解 19 世纪以来气象学取得的进步之大。正如威廉·克莱门特·利所指出的那样：

> 卢克·霍华德是一名洞察力敏锐且精确无误的观察者。但是在他那个时代，世人对大气运动的规

律尚且一无所知。气旋和反气旋之间的区别以及风、天气与气压分布的关系也是完全未知的。

如今，云首先按照高度来分类，从“高云”到“高雾”分为五层；在每一高度类别中再分成两类：“一、单独或球状的团块（最常见于干燥气候）；二、广泛扩展或完全覆盖天宇的形状（在潮湿的气候中）。”这些便是艾伯克龙比在其漫长的气象旅行中把所有云分成的“堆积状”和“层叠状”。1896年的云类榜单如下：

一、高云，平均海拔9000米

1. 卷云

2. 卷层云

二、中云，平均海拔3000—7000米

3. 卷积云

4. 高积云

5. 高层云

三、低云，平均海拔2000米

6. 层积云

7. 雨云

四、日升云

8. 积云，顶点1800米；基点1400米

9. 积雨云，顶点3000—8000米；基点1400米

五、高雾，平均海拔低于1000米

10. 层云

上升最快的云——积雨云在榜单上排名第九（如1890年所示），不久就出现了“在第九朵云上”的说法，意为“在世界之巅”——此般比喻恰如其分，因为热带积雨云可以升至地球上空约18000米的平流层边缘。多年以来，用数字表达快乐的说法层出迭现，其中包括“第七朵云”（可能来自“第七重天”），而在阿尔宾·波洛克编著的美国俚语词典中，《黑话暗语》（1935年）中有一个词条：“第八朵云：因饮酒过量而陷入迷醉。”

《国际云图》的后续版本对云类进行了重新排序，积雨云排在了列表的末尾，成为“第十朵云”。然而最近，世界气象组织“意识到这些云正遭受疮痍”，便将这十种云自零重新编号至九。积雨云也因此重返至它早些时候扬眉吐气的状态，成为货真价实的“第九朵云”，这是科学向象征主义俯首称臣的罕见例子。

第二次世界大战期间，一款为空军飞行员进行云分类的秘密应用程序被研发出来。该程序在英国空军部1943年出版的《飞行员云图》（时至

菲利普·林赛·克拉克于1922年为伦敦柏罗高街一战纪念碑创作的青铜浮雕，描绘了一场背景为精雕细刻的云层的空战

今日依然限制对外公开）中有据可查。

该云图根据云彩在空战中的操作价值对云进行了排序，从“鸡肋”（卷云）到“最佳”（高层云），中间是“较好”（层积云）、“不足挂齿”（高积云）和“危险”（积雨云）。在该排名中，云的价值在于其造成的视觉障碍，无论是防御——“飞机可以躲入云层，在云的遮蔽下改变航向或改变高度，以此躲避敌机的追击”，还是进攻——“飞机可以在云的掩护下（盲飞）接近目标，并仅在进入攻击范围内之后才会从中现形”。该作品依次将每一类云都纳入了考虑范畴：例如，积云“可用于规避敌机。积云的掩护并非滴水不漏，但飞行员通常能够凭借这时断时续的掩护，通过改变航线或飞行高度避免被敌方飞机发现”；高层云“起着举足轻重的作用。这种云能够提供连绵不断的掩护，飞行员可以在不被发现的情况下随心所欲地改变航向”。尽管一直以来，气象学的语言都在军事用语中日渐丰富——气象战线以第一次世界大战的战区命名，而大气压力的急剧下降则被称为“气象炸弹”，但将云彩归为（双重意义上的）对付来犯之敌的战术装备，这依然令人感到惴惴不安。

穿升十种云类

正如勒内·笛卡尔在 1637 年所言，“云不过是大堆雪紧密黏合而成，除此之外什么也不是”，从严格的物质意义上来说，他所言无误：大多数云由冰晶和过冷的水滴组成，它们在地球表面以上 1—10000 米之间的大气中凝结成数十亿颗微小的核。云是在大气因素下形成的，如海拔、温度、湿度、风切变和空气的清洁度（空气越干净，形成的云就越少），因此随着时间的推移，学会辨别云的类别已然成为一种用以理解那些原本肉眼不可见的动态过程的方法，而能够看见这些动态过程决定了我们在探索天气与气候的体验中能否更加见多识广。

云的形成在很大程度上取决于温度和湿度：空气越热，其所能承载的水蒸气便越多。当暖空气通过对流或其他形式的抬升而上升时便会冷却，直至达到露点（水蒸气凝结成可见液滴的温度）。然而，凝结——从蒸汽向液体的转变——只能发生在固态或液态粒子（即凝结核）之中：对于云而言，凝结核通常是空气中的微尘、海盐或花粉颗粒，所有这些粒子均于大气中自然、大量地存在。绝对清洁的空气很难对水蒸气进行凝结，而且常常会过度饱和；在合适的凝结核出现之前，会较理论上保持更多的水蒸气。

一旦凝结，尺寸不逾百万分之一毫米的单枚微小水滴便拥有了足够的空气阻力在大气中悬浮，并数以十亿计地麇集蜂萃，形成一朵肉眼可见的云彩：水蒸气本身是不可见的，然而一旦凝结，数以十亿计的水滴通常便会因反射太阳光而呈现出白色。当云层十分浓厚时，水滴便会对光线进行散射或吸收，只通过较少的太阳辐射，这便是风暴云会呈现出深灰甚至墨黑色的原因。

还可能会形成数十亿块微小的冰晶。分外寒冷的高空会将所有的水分子冻结成冰，形成独特的白色纤维状云，即卷云——这是詹姆斯·格莱舍在热气球吊篮里昏倒之前所看到的最后一朵云。

让我们插上想象的翅膀：我们正坐在格莱舍的一个热气球中，即将（安然无恙地）与他一同升至对流层的顶端，一路福星高照地穿越所有的十种云类。这样的旅程会是怎样的呢？

地面上方可能会有一层薄雾状的层云，通常是一夜之间在凉爽、稳定的气候条件下形成的。低层的凝结是形成这种平淡无奇的灰云的必要条件，其基点通常低于 500 米，有时低到可以为高楼大厦的顶部蒙上阴影。层云的层叠往往会在旭日东升携来的热量中灰飞烟灭，或在一层温暖的空气湍流中化为乌有。1786年9月，歌德在其旅行日记中诗意盎然地描绘了一座山峦上层云的蒸发：

> 这样的一朵云被吸收了，瞬间消失不见。它紧攀着最为险峻的峰尖，被落日的余晖渲染得金碧辉煌。缓缓地，慢慢地，它的裙裾一片片飘落，些许毛茸茸的碎屑被扯下。又被高高扬起，继而消失无踪。渐渐地，整团云自我眸中荡然无遗，仿佛有一只隐形的手将之抽丝剥茧。

观察层云随时间产生的动向，便可获得用以预测短期未来天气的有用迹象：如若层状的空气沿山坡上升，则通常雨水将至；但若在夏季夜间有低层云形成，则次日将以黯淡阴沉的清晨开幕，但其很快便会在东升的旭日中蒸发消散，剩下的一整日都将风和日丽、碧空如洗。

因此，当晨间的层云开始蒸发，我们搭乘的热气球便开始在较低层的大气中上升。在那里我们很快便与一团积云不期而遇，这是夏季天宇中最为典型的云类，是孩童们都会描摹的那种云。积云成形于上升的暖气流中，在太阳温暖的空气柱中，其承载的水蒸气开始在约600米的高度处凝结，向上、向外绵延，形成人们熟悉的、一马平川的“风和日丽”云，又被称为淡积云。如若这些小巧玲珑的云朵继续增长，雨水或许便会降临在惠风和煦的午后。这些云起初被归为中展积云，其高度与宽度完全一致；甚至还有浓积云，在形成初始笔直上升，通过在冷凝过程中释放潜在的能量来提供动力。这是菲利普·拉金笔下的“高高筑起的云彩，以夏日的步伐移行”。这个周期越长，云便越高，尤其是该过程如若在清晨便早早开始，那么随着明媚日光的到来，云朵便会升得分外高。在很大程度上，积状云的周期取决于周围空气的稳定性和温度：如若上升的水汽温度与周围空气的温度相适，云便会绵延扩散，形成层状云；但若这些水汽被较冷的空气围裹，则会形成较高的积状云，这是大气动荡不稳的明显迹象。但并非所有积云的体积都注定会变得更为壮观，当夏季风平浪静的一日进入尾声，这些积云便可能会开始下沉、消散，分解成名副其实的碎积云。

与此同时，形成积云的上升暖气流助力我们的热气球上升穿过最后一层低云，那是一片漫无边际的层积云。这些云是地球上最为司空见惯的云类，形态各异，例如坦荡如砥、绵延不绝、被称作层状层积云的变种，（顾名思义）是通过向上对流抬升或分解低层云形成而来。这些上升的薄片状云变得浓浓郁郁，融合成一层连绵致密的灰色云朵（一层较为浓厚的云，蕴涵更多的水滴，会吸收而不是反射光线，尽管它们也能形成一种薄如轻纱的云朵，在云块

19世纪中叶的雕塑，展示了根据高度划分的云类

之间可依稀窥见湛蓝的天幕）。层积云在洒下最轻薄的蒙蒙细雨时，也需要变得浓厚而晦暗，尽管堡状层积云的对流层可以在艳阳高照的对流天里发展成浓积云，甚至是满载雨水的积雨云。

我们现已升至1000米以上，进入了中层云的领域，在此，我们与高层云不期而遇。这种云彩通常不足为奇，纤薄如轻纱，银灰中带着湛蓝，可覆盖大部分的天宇。高层云通常是在一股暖锋到来之前，由于空气大量抬升而形成的。如若暖锋继续前进、将更多湿润的空气向上推去，高层云便会加厚成雨层云，此为雨水将至的确切迹象（其名意为“雨云层”）。

一朵迅速蒸发的碎积云

雨层云可能是世界上最为臭名昭著的云类，它宛若一条长期被雨水浸透的灰暗毛毯，蔽日遮天，令人精神萎靡。虽然被归类为中云，雨层云仍然可以在较高的空中形成。幸运的是，热气球将我们拉过了雨层，把我们带入了一层冷冰冰的高积云中。这是一种中上云类，要么是高层云支离破碎而成，要么是在被温和的空气湍流推升和冷却的湿润空气中形成。高积云种类繁多，包括常被误认为不明飞行物的荚状高积云，这种云是几乎处于静止状态的波状云以及层状高积云（成层状高积云）。这些云团（仿佛较高的卷积云层）还有一个更为人所熟知的名字——“鱼鳞天”。堡状高积云类似

冬季的天空：冰岛西南部满载雪花的层积云，2015 年 1 月

于天空中的小型塔楼或城垛，是高空动荡不稳的一个明显标志。

当我们进一步上升至五六千米或更高的冷空气中时，我们遇到了一层卷层云，这是一层高冰晶云，通常是在前进的锋面之前形成的。它们的动向值得游心寓目，因为这种云可以很好地指示未来的天气：例如，如若它们变厚并在苍穹中绵延，那便明确预示着一场急雨即将降临。在它们的上方是些许纤纤细细的卷云，其扩散现象是由于冰晶浓度低于液态水云中的液滴浓度所致。这类云形态各异，从钩卷云（也就是卢克·霍华德所说的“仿

被落日照亮的高积云层

佛用铅笔划过天际”的“钩状”云，极好识别）到波澜壮阔、盈满天幕的纤维状卷云（在肉眼可见的范围内排列成平行的条状）。这些同样值得我们注目凝心，因为如若它们变得厚实、绵延，荫蔽了整座苍穹，毒泷恶雾的坏天气也将随之到来。

我们所遇见的倒数第二种云是卷积云，是所有云类中最为稀有的奇珍异宝。这种云由冰晶和过冷水滴的混合物在大气层高处形成，有时可在14000米的高空中形成。卷积云通常是在对流气流与高卷云或卷层云相遇时形成的。其中的部分冰晶变成过冷水滴，并被分解成云彩的粒状波纹。由于形成条件极不稳定，卷积云往往昙花一现，要么渐而纤薄、化作卷层云的覆盖物，要么与邻近的云朵进行融合，清浅绵延、横亘天穹，此般涟漪状的云多被称作“鱼鳞天”，预示着狂风骤雨迫在眉睫。老水手们之间流传着一席谚语，“马尾云、鱼鳞天，大船速速降低帆”，这证明了这样一个事实：大量水分被带至清冽天穹的高处，是低气压临近的明显迹象。

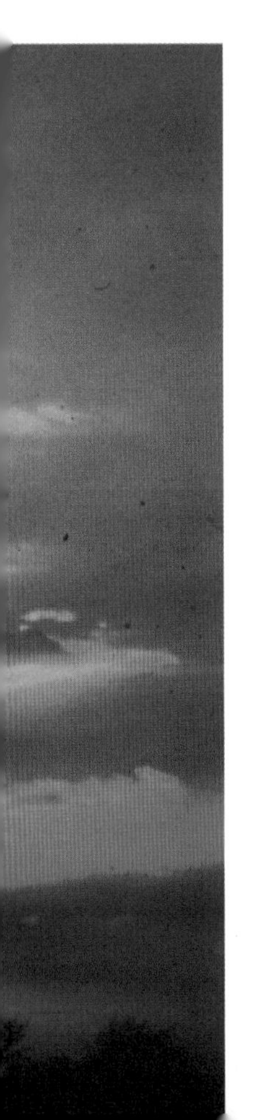

最终的对流层云已映入我们的眼帘。如前所述，积云可以长得揭揭巍巍，而当热气球上升时，我们始终目不转睛地盯着那些早前形成的浓积云，它们电掣星驰、天崩地坼的升腾正反映了我们自己的飞升；它们现在通过气吞湖海的向上对流而变得波澜壮阔、动荡不定，并且由于顶端特有的花椰菜外形开始分崩离析，它们便换上了鼓鼓囊囊的鬃状积雨云的条纹状外衣。这是一种壁立千仞的雷雨云，其顶部一直绵延至对流顶（对流层与平流层之间的界

亚伯达省埃德蒙顿市上空，高积云团形成的“鱼鳞天”

限，距离地球约 20000 米），形成了别具一格的砧状结构。这些气势磅礴的荡乱结构重达 100 万吨，所蕴含的热能相当于十颗原子弹，它们是孕育烈火轰雷的温床，是驱动电闪雷鸣的引擎。当云团内部汹涌的上升气流将正电荷团和负电荷团分开、聚集在不同的区域时，闪电便应运而生了：强大的正电荷通常聚集在顶部，而负电荷聚集在底部。

当这些带电区域之间的电位差变得过大而无法被承受时，电能便以可见（且可听）的雷电形式被释放出来。

闪电主要有三种：云地闪电（通常被称为叉状闪电）发生在云底部的

冻风造就的冰卷云，高约 6000 米

负电荷在下方地面引发正电荷的时候，不同的带电区域之间便会闪射出强烈火花。当火花在单片云内不同的带电区域之间迸飞时，便产生了云内闪电（或片状闪电），因而这种闪电不会抵达地面。相比之下，自一片带电的云飞至另一片带电的云的火花则被称作云际闪电。与此同时，雷声是在高达 28000℃的高温下，闪电掣过空气柱时，气柱骤然膨胀所产生的声音。至于人们会听到骤然的爆裂声还是低沉的隆隆声，则取决于闪电掣击的长短，也取决于他与闪电冲掣现场的距离。雷声有时在 30000 米之外也能听到，但在这样的距离下，声波通常会消散成为朦胧不清的隆隆声。

这张照片为 1984 年惨遭横祸的挑战者号航天飞机所拍摄，展现了巴西上空一团积雨风暴云呈砧状扩散的样子。当云的顶端遇到对流层顶（对流层与平流层之间的边界）时，就会发生扩散

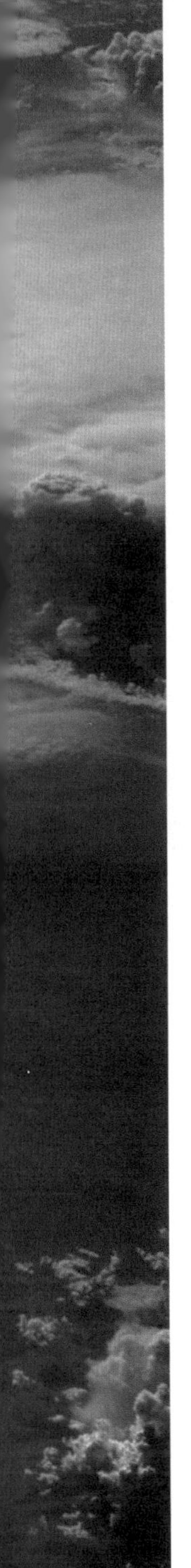

因此，鉴于积雨云雷霆万钧的潜在电能，我们在环绕其飞行时会与之保持一段较为宽阔的距离，然后再开始徐徐地下降20000米。至此，我们已见过官方分类中的全部十种云。

附属云与附加特征

除却方才描述的十种云类，还有三种与主要云类出双入对出现的附属云以及六种附加特征，它们大多数都在大型积雨云上演的史诗巨作中扮演着配角。

第一种附属云是破片云（源自于拉丁语，意为“布”或“碎布片”），出现在其他云类（通常是高层云、雨层云、积云或积雨云）的下方，是碎层云或碎积云的残屑，黑乎乎、破破烂烂的。破片云历来被称作“飞毛腿”或“信使云”，尤其是对于水手与农民而言，破片云意味着雨水的降临。

第二种附属云是幞状云（源自于拉丁语，意为“盖”），它是一层平平坦坦的云彩，偶尔出现在浓积云或积雨云的上方。一层湿润的空气被推至云层的主峰上，被冰冻成一层结满冰晶的薄雾，幞状云便在这种湿润空气的迅速凝结中诞生。幞状云通常稍纵即逝，下方的主云会通过对流上升来吸收另外的部分。幞状云也可以在山峦群峰中现身，铺天盖地的地方天气谚语亦应运而生，例如一则来自伍斯特郡的谚语是这样说的：“当布莱顿丘戴上他的帽儿，山谷的人儿啊，请多留个神儿。”人们甚至观察到，幞状云

加利福尼亚斯托克顿上空的彩虹与纷繁复杂的雨云

是在火山灰云上方形成的。当大气中的一小团水蒸气骤然被火山的喷发物抬升起来，与较冷的空气相遇时便会凝结。

第三种附属云是缟状云（源自于拉丁语，意为“帆”或“雨篷”）。这是一种薄如轻纱、较为低矮、日久不散的云层，时常会被浓积云或积雨云的顶端穿透而过。与昙花一现、满载冰晶的幞状云迥然相异，缟状云形成于稳定而潮湿的空气层中，这些空气层是通过主要积状云内部的对流气流进行提升的。即使它们的宿主云已然消散或衰减，缟状云依然能够经久不衰地存在于空中。

六种附加特征中的其中一种便是弧状云，此为低层云一种别具一格的隔板或圆辊，可以出现在一朵磅礴汹涌的积雨云下方。弧状云是由磅礴强

在北太平洋千岛群岛的萨瑞彻维火山爆发的上空形成的帽状云（幞状云）

大的冷空气下沉气流，在大兵压境的风暴云抵达之前扩散形成的，它将暖空气层推至距离地面更近的地方，形成密密匝匝、水平翻滚的云朵。

另一种附加特征是砧状云，指的是大型积雨云砧状的顶部，是一种可以在宿主云上方生长得十分高耸的冰冠。当与对流层相遇时，砧状云便会向侧面绵延开来，形成特有的扁平状的雷雨云砧。从表面看去，它可以是青石如鉴般光滑的，尤其是自远处观看；但它通常是呈现出高度的纤维状并布满条纹的，并由数十亿的冰晶组成，这些冰晶通过磅礴有力的向上对流而飘浮于空际。

乳状云是在庞大的积雨云的砧状处下方形成的囊状突起。这种云是由于冷空气骤然从云层的上部沉至下部而形成的，在温暖而富含水分的空气向上对流时，将夏季云层形成的惯常模式进行逆转。乳状云通常与暴风雨频发、动荡不稳的气候条件息息相关，尽管它们同样可能在暴风雨过后的一段时间内出现。乳状云在苏格兰被称作“袋状云”，来自俗语词汇“pock”，意为“袋子”。

降水性云，源自于拉丁语，意为“降落”。该词被气象学家用来指代能够洒落任何种类的雨、雪、雨夹雪或冰雹到地面的云彩，而雨幡则指的是在降落到地面之前就被蒸发掉的雨水，二者迥然不同。

威尔士普瑞斯里山上空被飞升的浓积云穿透的幔云（缟状云）

相较之下，雾和霭被归类为“悬浮物”，因为它们所蕴含的水蒸气不足以进行凝结、降落。降雨是水循环的主要组成部分，是地球上大部分淡水沉积的原因。每年约有 50.5 万平方公里的水作为降水下落，其中三分之二直接落入海洋。当云朵中的小水滴与其他雨滴或冰晶碰撞结合时，便会发生降水；这一过程通常由随着锋面推进而来的大量水汽向上移动引起。根据降下的是液态水（雨、毛毛雨）或是与低层大气接触时冻结而成的水（冻雨或冻毛毛雨），还是冰（雪、冰丸、冰雹和被称作霰的雪丸），

乳状云（源自于拉丁语，意为“乳房”）形成于大型积雨云砧状处的下方，由云层上部的冷空气骤然下沉而造成

苏格兰西部群岛上空，滂沱大雨从因降雨而变得晦暗的积雨云中落下

降水可分为三大类。

雨本身千变万化，取决于它是从什么类型的云中落下的。广泛而持久的降雨最有可能来自雨层云，而蓦然、猛烈的雨或骤雨则更有可能来自巨型的积云或积雨云。大部分雨都是以雪的形式在冻结的云体中诞生的，在落下的时候融化在更为温暖的空气中。在较冷的天气里，它会以未融化的雪或雨夹雪的形式落下，这取决于它在穿过暖空气和冷空气的混合层时是否融化并重新冻结。如若融化的雪花从接近地表的低于冰点的空气层中落下，它们在降落的过程中便会重新冻结，形成雨雪混杂的冰丸。然而，如若暖层下方的亚冻层过于狭窄，降水便没有时间重新结冰，极致冰寒的冻

一排高积云从低积云顶部上方 5000 米处飘荡而过，显示了对流层的分层性。这张照片与之前的照片拍自同一天、同一地点，体现了天气系统边缘反复无常的特性

雨就会取而代之。

相较之下，冰雹的形式是由于温暖的上升气流，气流将落下的冰丸抛回云的冻结中心。这些小丸子在碰撞与冻结中持续增大，连续不断地上升、下降数次，不断地增加新的冰层，直至它们因过于沉重而不再能飘浮于高空中，然后便会以冰雹的形式降落到地面。有记录以来最重的冰雹于 1986 年 4 月在孟加拉国落下。该冰雹重达惊世骇俗的 1.02 千克。

管状云（“漏斗云”）偶尔形成于积雨云的底部。当一团旋流开始旋转、将周围的水分凝结成水滴时，该旋流便会开始向下移动，形成一个圆锥体或漏斗的形状，在云层下方探出一段距离，尽管很少达到足以接触到地面的强度。在这种情况下，它通常会化作较为温和的陆地龙卷或水龙卷的形式，而非羽翼已成的龙卷风形式。

龙卷风往往是从热带超级雷暴通过大规模旋转成长而来的，而不是自冷空气漏斗云的弱旋涡诞生而来。

在写给孙子的信中，卢克·霍华德描述了他在约克郡海岸附近发现的漏斗云，写信日期是“1851 年 7 月 17 日中午”：

> 在这一小时之内，遇见水龙卷这一百年难遇的奇景令我们欢欣鼓舞。西边和西北方向的云层分外厚重，其后有雨。其中一边的云差不多在降雨洒落之前便垂落下了那通常所说的胶冻袋——如女士们恰如其分的描述，但那离地面仅有一半的距离，而且地面上滴水未见。我的结论是：我们从下面看不到任何反应。

将其描述为水龙卷（即“海神涅普顿与主神朱庇特握手言欢”，他欢天喜地地总结道）似乎是他的一个推断，因为从他长篇大论的描述中可以清楚地看出，实际上他看到的远远不止是一朵平淡无奇的漏斗云。

雨幡（“雨、雪幡”）源自于拉丁语，意为“杆”，指的是所有形式的降水，无论是雨、雪还是冰，在到达地面之前就蒸发掉了。虽然有时大气条件会发生变化，雨幡也会被同一朵云的充分降水取而代之；但无法一直向下降落，通常是由于它经过了一层更为温暖或更为干燥的空气。

世间万千的天气现象皆于对流层内上演。云与风、气压、湿度以及温度在此纷繁复杂地相互作用，这些作用决定了我们在地面上所经历的日常局部气象情况，也就是天气。云朵以五花八门的特定方式影响着天气，最为显著的便是其调节地表温度的能力：极致高耸、薄如轻纱的云，倾向于吸收来自太阳射线的热量并将其辐射至地球；而较为低矮的云，则倾向于通过阻挡阳光的射入而为地球降温。天穹中的云越少，对阳光的阻隔性便越差，这就是较之多云的早晨，无云的早晨温度更高；而较之多云的夜晚，无云的夜晚更为寒冷的原因。

因此，多云的天气温差比晴天要小。降雨和降雪既会影响地表温度，同时也会对环境造成极为显著的影响，例如洪水和结冰。

虽然积雨雷云的顶部常常会达到对流层的顶部，但由于对流顶层的温度变化，它们无法穿过对流层，所以它们会在对流层下方扩散绵延。然而，有两种非天气系统的云类可以在对流层之外形成。首先是珠母云（“珍珠之母”），也称作极地平流层云，其所现身之处皆是距离地球约 15000 至 30000 米的高空，纬度在 50° 以上。珠母云形成于零下 80℃的低温，由硝

在半空中蒸发掉之前，从高积云上坠落的雨幡（无法抵达地面的雨）

极地平流云层（也被称作“珠母云”）形成于地球的上层大气中。虽然看上去非常美丽，但这种云彩似乎令大气臭氧的损耗情况雪上加霜

酸与冰晶混合而成。其中，这些冰晶源自于一团团潮湿的、由于受异常强烈的大气振荡推动而向上穿越对流层顶的空气。

最有可能看到这种云彩的时间是在冬日的日出或日落时分。那时，天宇的大部分都玄黑无光，金阳便会自地平线之下将其照耀得粲然生辉。珠母云旖旎的彩虹色光泽可以变得有如魔法般美不胜收，由于它们与观赏者之间隔着千里之遥，这样的效果会变得更为显著吸睛，尽管珠母云与另外一种非天气云类——夜光云（“夜耀，在夜幕下艳色耀目”，亦称作极地中气层云）与地球的距离截然不同。夜光云是大气层中最高的云彩，形成于平流层之上，身处地球上方约 80000 米以上的太空边缘。夜光云由极致

极地中气层云（亦被称作夜光云）是大气中最高的云彩，形成于距地球约 80000 米的太空边缘。照片拍摄于 2014 年 7 月的瑞典斯德哥尔摩

细微的冰粒构成，尽管在中间层天凝地闭的干燥环境中，其确切的形成机制仍有待商榷。

夜光云虽是异卉奇花，但在近几十年来，其出现的频率越来越高，在纬度越低的地区，夜光云也越发明光烁亮、流光溢彩。此般现象依然是未解之谜，但根据一种假设来看，夜光云是由航天飞机在高层大气中释放的排气羽流形成的，它们的日进不衰反映了航天器交通比例的与日俱增。鉴于夜光云仅自 19 世纪 80 年代工业革命的全盛时期后现过身，它们便很大程度上可能被证明是一种人为活动所产生的现象。如若事实果真如此，人类活动对上层大气的实际影响将远远超出此前的想象。

第三章 云的语言学与文学作品

我有长诗一首，美其名曰《云起》，足足有两页半之长。诗行之间，云朵为主角。诗中涉及小云彩和小雨云们的种种，我不愿再忆起它们。这是我于大学时期书写的一首诗歌。我的创意写作老师是一个沉默寡言而不徇私情的人，他写道："读毕，我有些如堕云雾中了。坦诚来讲，这首诗实在是无聊透顶。"

——尼克尔森·贝克，《移动式喷灌机》，2013 年

1703 年，也就是发生十一月大风暴的那年，一位名不见经传的英国气象日记作者开始私下研究云彩的分类。据这位日记作者自己评价，他是被云彩勾了魂魄，幸运的是，他与生俱来一种“生于云或诞于云的天赋异禀，宛若自云中降生的伊克西翁，我永生永世地脉脉凝视，因它正婉回我的母体”。对于这本长期为世人视若无睹的日记，历史学家简·戈林斯基发表了唯一一篇详尽的评论。据他说，这位名不见经传的作者将云惊世骇俗的无穷幻变视作语言学上的荆棘逆水。为描述云彩的千变万化，他设计了一种称之为“特殊语种”的玩意儿。他试着将云彩分为八类，每一类都是基于对一些司空见惯的现象视觉方面的比较，例如油或脂肪与水的混合物，或在大理石中发现的旋涡图案。除此之外，他还为不同的云类提出了隐喻性的名称，例如“梳子”“棕榈枝”“狐狸尾巴”等，抑或使用视觉上的比喻，例如羊毛、蜘蛛网、绉绸[1]、毛线、生丝或成品丝。如戈林斯基指出的那样，有些隐喻本身便如同云朵一样堆山积海：

> 大气负载并粉饰这膨胀之物，宛若浮雕的云慢条斯理地膨胀、垂落。我将它们唤作“空气中的丰饶乳房”“天穹的小屋”或“多云的乳房”。它们将整只肉眼可见的半球以铅一般的色泽封闭并填充起来，宛若蒸汽或高耸盖日的壁画穹顶，或镶着大理石条纹的洞窟。

此文段似乎是在描述乳状云。乳状云一词取自当今官方气象词汇，和那位名不见经传的日记作者一样使用了别无二致的人体隐喻（“乳房”），后者可能是自《黎俱吠陀》的一段文字中提取而来。在《黎俱吠陀》中，

[1] 原文为法语“crêpe”。——译者注

“1801 年 4 月 13 日出现了光彩耀目的云彩”，摘自海曼·鲁克的《气象年刊》，1802 年

因陀罗的奶牛乳房中丰沛的养分宛若春风雨露般滋润着千里大地。

几个世纪以来，此类业余云彩观测者灿若繁星，但仅有少数人发表了他们的发现。其中之一便是海曼·鲁克，他是一位退休的步兵上尉，同时亦是一名洞察秋毫的天气日记作者，他记录了诺丁汉郡村庄自 1785 年至 1805 年来 20 年间每日的天气状况。1801 年 4 月的一个午后，在翘首以盼邮件到来之际，他注意到一条惊世震俗的云“街”——“白蒙蒙的小朵云彩呈辐射状排列”——在他的花园上空聚集了一刻钟，这段时间足够他将这一切用素描的形式记在日记中了。对于此般异乎寻常的云彩排列方式，他的记述是对形成这种排列所必需的风力条件最早的证实之一。

如同千千万万昙花泡影的效果，云也需要能够见证其存在的观测者。然而由于没有人能够两次看到同一朵云彩，所以云的数量大大地超过了观测者的数量。正如维多利亚时代的气象学家威廉·克莱门特·利在 1879 年所指出的：“观测云，在很大程度上是一种不可言传的艺术。”这是一种使众多非科学家们如堕云雾的专业语言，令对该艺术的追求之路丛生荆棘，而非披荆斩棘。然而，除却全然崭新的术语，还有关于天穹的古老俗语尚存至今，其中大多数由学者收集、保存，例如气象学家理查德·因沃兹，其备受欢迎的简编《天气谚语》（1869 年）多年来发行了许多版本，至今仍在印刷中。如因沃兹在其前言中指出的，浩若烟海的材料均证明了我们祖先明察秋毫的观察力，“他们拥有观察天穹迹象的明眸火眼”，为我们留下了萦绕心间的气象口语。例如在苏格兰的盖尔语中，术语“rionnach maoim”指的是“在日光明媚而多风的日子里，天穹中的流云投至荒原上的疏影”，而“roarie-bummlers”一词则指“电光石火的风暴云”（字面意思便是“吵吵嚷嚷的糊涂虫”）。“Skub”是设得兰语，意思是“被风吹起、影影绰绰的云”，“wadder-head”亦是设得兰语，意为“自地平线向上升起、丝丝缕缕排列的云朵”。“Water-cast”是萨福克术语，指小型积云，而“urp”则是肯特语中“云彩”的意思以及“urpy”意为“多云的”。高积云朵仍被英国人称作“鱼鳞天”，被法国人称为“ciel pommel é”[1]，在西班牙人口中则是“cielo enpedrado”（“铺满鹅卵石的天空”），意大利人则唤之为“cielo a pecorelle”（“小羔羊般的云”）。新西兰最初的毛利语名称是“Aotearoa”，翻译过来就是“长白云之国”，指的是日日登场、盈满天际的造山云，而印度雨水丰沛的梅加拉亚邦在梵语中的意思便是“云之居所”。

现代词汇“cloud”（“云”）起源于古英语“clod”或“clud”（意为“岩石”或“小山”），有时使用其复数形式“clowdys”。古斯堪的纳维亚语的外来词“sky”意为“云”，而奇怪的是，尽管“welkin”是荷兰语和高地德语“wolke”的同源词，意为“云”，中古英语的“welkin”意思却为“天空”。

[1] 原文为法语“ciel pommelé”，意为“布满小球状云朵的天空”。——译者注

直至 13 世纪，“cloud”这个词才具备了其主要的气象意义，根据《牛津英语词典》目前的定义，该词指“在一般地表上方较高海拔处，飘浮于空气中的水蒸气凝结而成的可见聚合物”，尽管该词一直与“堆积”和“积累”脉脉相通，该词的此种含义，在近期使用“cloud”作为分布式数据存储系统的名称时仍然适用。很显然，《牛津英语词典》早在 1705 年便给出了“a cloud of informations”（“一大团信息”）这一短语的溯源。

云彩命名法

虽然在前一章我们读到卢克·霍华德时，为云命名的现代故事便已拉开序幕，然而在此之前，尝试创建标准化气象语言的人便已大有人在。在 17 世纪 60 年代，新成立的伦敦皇家学会的实验策展人罗伯特·胡克提出了一种“记录天气历史的方法”，以及条分缕析的数据展示指南。风力、温度、气压与湿度将用数字进行表示，而“肉眼可视的天际表象”将用文字进行描述：

> 无论天空澄澈如洗还是阴霾密布，皆值得凝心一顾；无论是万般之后的阴云密布；无论是高空的蒸散物、庞大的白云抑或浓郁的乌云；无论那些云是否携带雾或霭、雨夹雪、雨抑或是雪……无论云的下方坦荡如砥，抑或起伏无状，都如我在电闪雷鸣之前常常看到的那样。它们将趋向何方，是同路而行，抑或分道扬镳？此般种种，或与下方吹拂的风别无二致。

虽然量化仪器数据轻而易举，但描述性语言的参数自一开始便产生了

“水龙卷”一词可以追溯至18世纪，在此之前，这些令人刻骨铭心的现象被称作“台风”“飓风”或“海上旋风”。这张版画出自路易·勒·布雷顿之手，源自于马格勒与泽克的《流星》，1869年，描绘的是一艘被众多水龙卷袭击的船只从风暴云的底部行驶而来

问题。有太多迥异的“天穹的面孔：面孔之多，恒河沙数，因而其中有诸多令人眼花缭乱的命名”。胡克很能说明问题。在认识到经验主义带来的挑战主要在于语言学之后，他便着手为他的博物学家同伴们创造一种标准的词汇：

“Cleer”指代不带一点云或蒸散物的澄澈天空，“Checker'd”

威廉·贝里曼，《雨，奈恩城堡》，约 1808—1816 年，这是贝里曼描摹牙买加美景的众多外光主义水彩画的其中一幅

则指布满许多庞大而圆滚滚的白云的天空，例如在夏日司空见惯的那种天空。“Hazy”指的是由于没有形成云的蒸散物、较高处的空气较厚而看起来发白的天空。“Thick”则代指因大片蒸汽而更显白蒙蒙的天空……“Hairy”意为高处布满了许多小巧玲珑、薄如轻纱的蒸散物的天空，宛若一缕缕的发丝或似一片片的麻或亚麻，根据它们的相似之处，其种类可通过笔直或弯曲等词来表达。“Water'd”指布满许多高高悬挂的、薄如蝉翼的小型云的天空，

> 看起来便如若波光潋滟的水纹，因而在某些地区也被称作“鱼鳞天”。如若云看起来更为庞大、更为匍匐低矮，则可以称天空是“waved”的。“Cloudy”指布满了浓浓郁郁、黑漆漆的云的天空。“Lowring”指天空尚未十分晦暗，但已布满了盈千累万的浓厚乌云，这预示着雨水将至。“Gloomy”“foggy”“misty”“sleeting”“driving”“rainy”“snowy”以及“variable”等诸如此类词的含义皆已众所周知，亦为广泛使用。天空或许有多副面孔，由两个或两个以上组合而成，这以上众多名字便足以说明这点。

这是首次在真正意义上尝试创造一种对转瞬即逝的云进行追踪问迹的校准语言。然而，虽然“Checker'd”“Water'd”“Cloudy”或“Lowring”这样的术语具有一般的描述性优势，但却缺乏建立一致认可的定量方法所需的那种明确的精度。几个月之后，该实验被腰斩了，胡克的气候问卷再也未被分发于世。

在随后的一个世纪，帕拉蒂纳气象学会（Societas Meteorologica Palatina）重新提出了建立校准的云语言这一想法。帕拉蒂纳气象学会于18世纪80年代初于曼海姆建立，专门从事气象研究，其研究项目不胜枚举，其中之一便是对云层的状况进行分类，包括符号和拉丁文缩写的使用，以帮助观测者们彼此迅捷交流：

缩写 / 符号	说明
A	白云
Cin	灰云
N	乌云
1	橙黄色云

续表

r	红云
t	纤薄云
sp	浓厚云
fasc	条纹状云
rup	岩石状云
lact	乳状云
[illegible]	层状云
[illegible]	聚集状云

术语、符号可单独使用，也可联合使用：例如“cin.sp”指浓密的灰色云彩，而“fasc.l”则表示泛着条纹的橙黄色云彩。如胡克早前所做的术语，这些组合暗示着云的变型这一中心思想。由于云朵融合又分离，停滞的须臾宛若窗间过马，因而任何有用的分类法都需要迎合气候变化多端的本质。曼海姆的气象学家倾向于建立此般模式，即使他们的寻常术语（“薄”“厚”“岩石状”“乳状”）仍然与胡克的一样不甚精确。如若他们的协会未在1795年因拿破仑入侵的军队分崩解散，我们如今口中所说的云的语言或许便大不一样了。

1802年12月，卢克·霍华德提出了如今通用的云彩命名法，然而他不知道的是，法国自然哲学家让－巴蒂斯特·拉马克在同一年的早些时候就已发表了另一种云彩分类法。

拉马克著有一本年度气象历书，即《气象年鉴》。在年鉴1802年的第三期中，拉马克探讨了“澄清气象现象”的必要性，其中包括根据他的观察结果——云具有某些一般形式，这些形式的形成不完全出于偶然，而是取决于一种状态，对这种状态进行识别和确定均颇具益处——所进行的云彩分类。然而，尽管拉马克先发制人地反驳了霍华德的观点，即每一朵

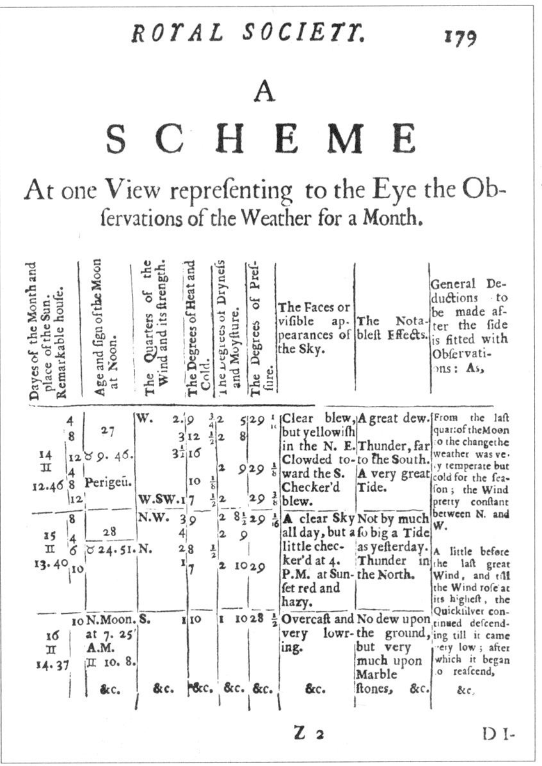

ROYAL SOCIETY. 179

A
SCHEME
At one View reprefenting to the Eye the Obfervations of the Weather for a Month.

Dayes of the Month and place of the Sun. Remarkable houfe.		Age and fign of the Moon at Noon.	The Quarters of the Wind and its ftrength.	The Degrees of Heat and Cold.	The Degrees of Drynefs and Moyfture.	The Degrees of Preffure.	The Faces or vifible appearances of the Sky.	The Notableft Effects.	General Deductions to be made after the fide is fitted with Obfervations: As,
14 II 12.46	4 8 12 4 8 12	27 ♉ 9. 46. Perigeũ.	W. 2. 3 3½ W.SW.1	9 ¾ 12 ½ 16 10 ⅛ 7 ½	2 5 2 8 2 9 2	29 1/16 29 ⅛ 29 ⅜	Clear blew, but yellowifh in the N. E. Clowded toward the S. Checker'd blew.	A great dew. Thunder, far to the South. A very great Tide.	From the laft quarter of the Moon to the change the weather was very temperate but cold for the feafon; the Wind pretty conftant between N. and W.
15 II 13.40	8 4 6 10	28 ♉ 24.51.	N.W. 3 4 N. 2 1	9 8 ½ 7	2 8½ 2 9 2 10	29 1/16 29	A clear Sky all day, but a little checker'd at 4. P.M. at Sunfet red and hazy.	Not by much fo big a Tide as yefterday. Thunder in the North.	A little before the laft great Wind, and till the Wind rofe at its higheft, the Quickfilver continued defcending till it came very low; after which it began to reafcend,
16 II 14.37	10	N.Moon. at 7. 25′ A.M. II 10. 8.	S. 1	10	1 10	28 ½	Overcaft and very lowring.	No dew upon the ground, but very much upon Marble ftones,	
		&c.	&c.	&c.	&c.	&c.	&c.	&c.	&c.

Z 2　　DI-

罗伯特·胡克，“用肉眼观察一个月天气的方案”，出自其《创造气候历史的方法》，1667 年

云都可以通过有限数量的术语进行描述，但在他的分类中，云最终被描述成单独的实体，而非彼此脉脉相通的变型体：

1.brumeux　　浓厚的雾

2.en voile　　阴天

3.en lambeaux　　云的碎屑

4.boursouflés	一股云
5.en barres	条状云
6.en balayures	纤薄的云条
7.pommelés	带斑点的小型云
8.attroupes	云团
9.coureurs	流云
10.group és	成群的云
11.de tonnerre	雷云

云彩与其他天气现象，出自 J.G. 埃克的《科学、文学和艺术的图像百科全书》，1851 年

与早期关于云的术语如出一辙，拉马克的词汇也并非万分精确，如“puff”（股）或“flock”（团）这样的地方用语太过相近，无法作为世间公认的科学用法。即使在开始引入诸如“isolated”（单独的）或“undulatory”（波动的）的二次术语后，拉马克的描述依然过于笼统。由于他选择了法语，而非通用的拉丁语（那时依然是欧洲科学界的主要语言），情况才变得复杂混乱。鉴于在拿破仑战争最激烈时期，饱受战争摧残的法国邻国不太可能接受法语的分类，而选择一种当地语言来进行国际分类似乎是一种骇人视听、目光短浅的行为。然而较之他提出的术语，拉马克提出的云应按照海拔高度进行分级的建议要中肯得多，因而到20世纪末，国际气象学界已然采用了拉马克的三层海拔结构与霍华德的拉丁文命名。

云彩命名的锋镝之争

在早期使用卢克·霍华德新提出的云彩分类的人当中，最为夙夜匪懈的便是身兼捕鲸手和探险家双重身份的威廉·斯科斯比，他于1810年夏季航行到了北极。在爱丁堡大学导师的鼓舞之下，他进行了细针密镂的气象、海洋观测，是首位在航海日志中采用新型云彩分类的水手。他写道，北极的云“通常由一层十分浓郁的阴云组成，黯淡无光，荫蔽了整座浩瀚的穹宇”。

按照霍华德的命名法，卷云、卷积云和卷层云有时是截然不同的。

雨云是部分形成的，从未完完整整。除非在陆地上，人们永生永世也目睹不了积云或雷雨云的波澜壮阔。海上最为常见的云各有千秋，是一种特殊的变型，类似于卷层云，由水平分层排列

云彩的图像，出自 J.G. 埃克的《科学、文学和艺术的图像百科全书》，1851 年

的庞大云块构成，每片卷层云的边缘都在日光的照耀下浮光跃金。

斯科斯比的叙述是观察与校准石破天惊的结晶，尽管任何读它的人都需要对新型术语有十足的了解，因为这是一种用于描述性工作的专业语言。然而，尽管霍华德的新词开始被采用，但并没有被普遍使用，而且在接下来的几十年里，人们依然使用许多更为古老的云术语。例如，1823 年 8 月，农业日记作者威廉 · 科贝特在萨里郡[1]的乡村骑行时，与一排正在上升的

[1] 位于英格兰东南部。——译者注

浓积云不期而遇。在日记中记录此事时，他开玩笑地使用了一个由来已久的视觉隐喻：

> 我看到，在南唐斯丘陵上空（就在我们的正前方）出现了几团白蒙蒙、卷卷曲曲的云，我们唤之为法官帽。这些云如同法官帽一样。不是法官们听着律师们令人兴味索然的拌嘴和玩笑时穿的人模人样的那身；而是那些垂至肩膀的巨型假发。当他们要告诉你他的想法时，脸上的表情仿佛在说："站远点！"对于没有穿外套的旅客来说，这些云（如若从西南方升起）传递的话语别无二致。雨水定会随之降临。

科贝特惟妙惟肖描绘的雨云，用的正是霍华德的拉丁语命名法想要表达的那种活灵活现的语言。但是当专业的气象学家们相互交流霍华德的新造词时，一些人在为非科学专业的读者写作时仍然继续使用旧的云名。1859 年，第一任气象局局长罗伯特·菲茨罗伊——同时也是霍华德分类法的积极倡导者——编写了一本简短的海洋气象入门书。这本书中，他使用了五花八门的非专业术语，令人镂心刻骨：

> 尔雅旖旎或玉软花柔的云朵预示着风和日丽的好天气，伴随着温和或习习的微风；边缘硬邦邦、看起来油汪汪的云，风……一般来说，云朵看着越柔软，风便越少（而雨可能会更多）；云越是硬邦邦、油汪汪地滚来滚去，一簇簇或参差不齐，来日的风便也会越发势不可挡。

正如科贝特的"法官帽"，菲茨罗伊对术语的选择可追溯至源远流长

2012 年 12 月，阿拉斯加海岸蒸汽弥漫的海冰

的气候语言形式，相较于霍华德发音亮如洪钟的拉丁语，这在水手之中可能更为家喻户晓。然而，这些旧术语穷年累世的长存既不骇目震心，亦非余食赘行般令人生厌，因为人们总是需要不同的语言，以不同的方式进行交流，比如鲜少有非动物学家将金翅雀称为红额金翅雀，亦很少有非气象学家将兵临城下的风暴云唤作鬃状积雨云。如德斯蒙德·金－希尔在阅读雪莱的《云》时指出，“如若一个英国人胆大心雄地对他的邻居道一句‘晨安。今日有美不胜收的堡状高积云’，那么花费了多年才打破的冰将迅疾地重新冻结上”。无论如何，不受欢迎的是针对新型云语言挑针打眼的质疑，尤其是那些基于非科学理由的质疑。第一次质疑是在 1804 年的《年度评论》上，霍华德的文章令其他人刮目相看。当时的评论员是一位利物浦大学的

博士，名为约翰·博斯托克，他对“霍华德先生所追求的方法”赞颂有加，但又追问他为何没有在“一门科学上使用简洁了当的英文名，而这门科学的进一步发展，可能将在相当大的程度上取决于非学者的观察”。博斯托克很快又回到了这个问题上，他在一份标杆性的科学杂志上发表了长篇大论，指出霍华德的术语“太过局限，是屈谷巨瓠，百无一用”，同时提出了自己的用以替代的术语：

> 弧形：一团占据了大半苍穹的云彩，以几近平行的线条绵延伸展，在地平线上汇聚成一点；
>
> 线形弧：长平行线或线状；
>
> 斑纹弧：圆滚滚的小型云朵，并排或成行分布；
>
> 环状弧：宛若一团从烟囱顶部冒出的烟气；
>
> 羽状弧：与羽毛相似，有中心线和横向旁支；
>
> 带阴影的云：当云形成范围或大或小的圆形聚合物，其中一侧比另一侧黯淡得多；
>
> 堆积的云或翻卷的云：巨大而浑圆的云，看起来宛若在前赴后继地堆积、翻卷；
>
> 丛集：类似于一束束头发的云，其纤维有时以完全不规则的方式进行排列；
>
> 群集：云形成的、比本人称之为“丛集”的云更为庞大的紧实聚合物。

博斯托克承认他的术语可能会被认为是“鄙俚浅陋”的，但他坚持认为相较于霍华德精英主义的拉丁语版本，英文版的命名更能为人接纳。几周之后，霍华德对此发表了详尽的回应，声称在最初发表后的这段时间里，他认为没有理由对自己的分类进行修改，并将博斯托克用以与其竞争的术语描述为“不甚精确，瑕疵毕露”：

> 圆形的云、带阴影的云、堆积的云、翻卷的云、灰扑扑的地面上白蒙蒙的云等等，我看不出用描述代替定义对科学有何裨益。堆积的云在接近天顶的时候，或多或少也会带上阴影；并且，阴影部分是地平线上与太阳相对的光。至于翻卷的云，我还尚未观测到它。这听着似乎太诗情画意了，如果，就如同我所猜想的，如此命名的原因是因为：如若其部分是实心的，在倾斜的平面上便会翻卷。

霍华德对描述和定义的区分十分有见地，在他看来，拉丁文术语比博斯托克的术语更为一目了然，因为组织这种术语更为简单。他指出，反对使用拉丁语或希腊语的术语，便意味着与成千上万的外来词唱对台戏，从字母表到天顶，这些都是英语语言日积月累的长期特征。自此之后，人们再也没有听说过博斯托克和他的俗名，尽管他并不是最后一位尝试用英文术语来代替拉丁文术语的人。

与此同时，大名鼎鼎的科学作家托马斯·福斯特已然着手在霍华德的类属云中添加其他种类和变种，其使用拉丁文命名是为了“表达特定的形状、形象或排列方式，这些情况与它们的变型截然不同”。福斯特建议的术语包括：

> 发状卷云（“其看似一缕蓬松的头发”）
> 线状卷云（“笔直的线条”）
> 丝状卷云（“一团乱糟糟的线”）

网状卷云（“漂亮的网状结构，由清浅的横条或条纹组成”）
条纹卷层云（“由平行的长条纹组成”）
波状卷层云（“细微潋滟状”）
肌肉卷层云（“看起来像肌肉纤维”）
平面卷层云（“绵延不断的巨型片状物”）
岩状积云（“岩石状和山脉状”）
结节状积云（“许多圆形结节”）
絮状积云（“分成松散的绒毛状物”）

虽然这些拟议的补充术语在当时并未激起多大的波澜，但它们与目前

托马斯·福斯特《对大气现象的研究》（1813年）中的雕刻作品，为其术语“絮状积云”和“发状卷云”添加的插图

气象学中使用的一些术语呈现出高度的相似（见附录）。然而，如果说科学拉丁语的此般蔓延可能会受到专家们的夹道欢呼，但在仍然被这种陌生语言搞得焦头烂额的广大公众群体中，科学拉丁语却如若过街老鼠。福斯特也终于明白了这一点，因为他的诸多友人都承认道：

> 他们绝不可能将这些专业术语熟记于胸，因为这些术语是由拉丁语或希腊语单词组成的，令他们一头雾水。他们希望可以由《大气现象》为云彩命名，至少它是由我们自己的语言编撰而成的。

这些评论令福斯特茅塞顿开，他便着手将霍华德的术语翻译成一种独辟蹊径的古英语俗语：

> CURL-CLOUD（卷云），在拉丁语中的旧名是 Cirrus（卷云），一种螺旋状物云。“Cirrulus”和“curl”都指小型云。
>
> STACKEN-CLOUD（堆云）或 Cumulus（积云），来自动词“stack”（堆叠）。
>
> FALL-CLOUD（落云）或 Stratus（层云），意思是下落，或水分子在夜间下沉。
>
> SONDER-CLOUD（骊云）或 Cirrocumulus（卷积云），一种分裂的云，由分离的球体组成。这种云的特点是聚集在一起形成一个小型云床，但彼此距离分外遥远，支离破碎，无法相及。
>
> WANE-CLOUD（衰云）或 Cirrostratus（卷层云），源自于这类云所有形态均为减弱或下沉状态。
>
> TWAIN-CLOUD（双子云）或 Cumulostratus（积层云），

通常由一对云朵彼此缠绕、融合而成。

RAIN CLOUD（雨云）或 Nimbus（雨云），不言自明。因而还有“Storm cloud”（风暴云）和“Thunder-cloud”（雷云），等等。

福斯特对自己的翻译十分满意，便将它们寄给了《大英百科全书》的编辑们，敦促他们将之收录到下一版词典中。他的理由令人心悦诚服：每一种动物、矿物和植物都拥有一个拉丁名和一个俗称，那么为什么云就不配拥有呢？1824 年，他的译名适时地被收录进第 6 版百科全书中。与此同时，福斯特正将他的翻译广泛编入教科书和年鉴中，他对云彩和天空的描述简明易懂，不带有一丝一毫拉丁名的特征：“从 Curcloud（卷云）到 Wanecloud（衰云）的改变（到 19 世纪 20 年代，福斯特书写这两个词时都没有带连字符），实际上，后一种云在任何时候都极为多见，必须将其看作是即将下沉的迹象。”或者是“我们已然看到了小型 Stackenclouds（堆云）在几分钟之内形成又荡然无遗；Curclouds（卷云）形成时，又将自己的模样变至 Sondercloud（骊云）的斑点，然后消失无踪”。

事态发展至此，霍华德备感不悦，并在其《伦敦气候》（1818 年出版，霍华德在城市气象学中的开创性作品）的前言中概述了对福斯特译名的异议：

我之所以提到这些，是借此机会表示我不会采纳它们。我自拉丁文中演绎而出的云名称仅有七个，而且很容易熟记于胸。它们是用作表示云彩结构的主观术语，每一个术语的含义都通过下定义的方式精心确定下来，观测者一旦掌握了这一点，只要再积累一点点经验，便能准确无误地将这些术语运用到云的各种形式、颜色或位置上。取新名字……是多此一举的；如若打算用英语来进行解释，那这些译名根本就没能做到这一点，因为它们仅仅适用于定义部分情况。如若想要成功地研究这个问题，就必须考虑得面面俱到。以云的第一种变型为例，卷云（Cirrus）一词的含义极易变得抽象，因为它既适用于云的直线形式，也适用于云的弯曲形式。然而，如若仅看“Cur-cloud”这一名称的字面含义，该词便不具有像“Cirrus”那样的外延含义。因此便会将学习者引入歧途，而不能助其竿头直上。

在提到博斯托克的英文版本时，霍华德对定义与描述也作了同样的区分，并一针见血地补充道，他认为拉丁语作为“一种通用语言，每个国家但凡理解力强点儿的人，都能够通过这种语言相互传达各自的想法，不需要翻译”。这一有力论据掷地有声，待到福斯特的云名称自《大英百科全书》第 7 版（1842 年）中被剔除之时，这些译名已全然被拉丁术语所取代，几乎蒙尘于世人的记忆中了。

然而在那时，拉丁语本身作为国际学术语言的地位已经开始下降，大多数的科学书籍都已以现代俗语出版。19 世纪，德国和诸多欧洲其他国家一样，除了少数满腹经纶的学者之外，所有人在拉丁语面前皆两眼漆黑，就连“cirrus”（卷云）和“stratus”（层云）这样的术语都带上了一丝令人啼笑皆非的古典意味。因而，当福斯特将云的术语翻译成英文时，在哈雷[1]，一位大学物理教授正用德语做同样的翻译。1815 年，当路德维希·威廉·希尔伯特发表他对霍华德文章的译文时，“cirrus”（卷云）被翻译成“Die Locken oder FederWolke”（“毛发或羽毛云”），“cumulus”（积

[1] 德国东部城市。——译者注

云）被翻译成“Die Haufen-wolken”（“堆积云”），“stratus”（层云）被翻译成“Die Nebel-schicht”（“雾层”），“cirrocumulus”（卷积云）则被翻译成了“Die Schafwölkchen”（“绵羊云”）。但与福斯特不同的是，希尔伯特对这种俗语翻译的价值持保留态度，他承认在翻译“cirrostratus”（卷层云）时寸步难行，所以他保留了拉丁语原名。

诗人歌德不仅对霍华德的云彩分类盛赞有加，而且还用其吟诗作赋。他认为希尔伯特所作的努力是误人子弟，认为“这些名字应当为千千万万的语言所接纳，它们不应该被翻译出来”：

> 若按照这种爱国主义语言的纯正主义风格，那便一无所获；因为众所周知，人们事实上只是在讨论云而已，所以嘴里说出“堆云”之类的词，听起来就有些不太合适。当谈到特殊词汇时，还要不断地重复一般词汇。在其他的科学描述中，这是明文禁止的。

但是歌德深谙一般和特殊之间的区别，因而并未对气象翻译的高涨热情加以打压。在19世纪60年代，哈瓦那天文台的古巴气象学家安德烈·波西呼吁对云彩的分类进行全面调整，包括扩展拉丁语的命名，建立一套便于在天文台日志中使用的符号系统以及相应的法文、英文、德文、意大利文和西班牙文的俗语术语，以确保观测员能够将他们在当地的经验与公认的科学类别进行匹配。这一想法在第一部多语种的《云图》（1890年）中进行了试验。该云图包含了拉丁文术语的法文、德文和英文版本翻译，例如“feather cloud（羽云、卷云）”“veil cloud（幔云、卷层云）”“woolpack-cloud（卷毛云、积云）”“fleecy cloud（羊毛云、卷积云）”和“lifted fog（层云）”，尽管第一批官方《国际云图》（1896年）的编辑们将这些莫名其妙的地方翻译剔除，只保留了拉丁文版本的云名。

到了那时，云彩的分类已经经过了多轮更改和修正——这一过程一直持续至今。首先要做的小小修改便是将霍华德的术语“cumulo-stratus”重新排序为“stratocumulus”（层积云），以便将这种来自对流积云族的低压云重新归类为层状云，这样更为合适，恰到好处。如前一章所述，前缀是云彩分类中一个至关重要的因素，“cumulo-stratus”给人一种其主体是层状云的错觉，拉尔夫·艾伯克龙比将这种云的特征描述为“不甚平坦，不足以称为纯层状，而其上升而成的块状过于不规则，亦不能称作货真价实的积云”。

安德烈·波西还提出了两种新的云彩种类，将其归入“至美分类”，他将这两种云类称作“层状雨云”（源自于拉丁语中“布”的意思）和“碎云”（源自于拉丁语中“破碎”的意思）。这些将用来特指现存云种中的特定表象，因而碎积云一词将用以描述积云支离破碎的小型碎屑，而卷雨云则表示广泛绵延的云，被波西快言快语地描述为“外观宛若尺寸可观的外套或面纱，质地异常致密”（“仿佛斗篷或布”）。令人百思不得其解的是，波西仍继续对现有分类表达着异议，认为积云“并非一种独特的云类”以及层云“这种云命名法并非那般恰如其分，它不过是一层薄雾或灰白的霜”，然而他的观点未能获得气象学界的响应。同样令人一头雾水的是，威廉·克莱门特·利试图根据云的形成过程，引入他自己全然重新划分的分类，将现有的术语归纳为四种新确定的类别。他将之称为“放射云”（雾或低层云）、“互纹云”（在两股或两股以上气流的交互界面上形成的波状云）、“逆温云”（通过对流层各层迅速增长的积状云）以及“倾斜云”（出现在大气中较高、较冷区域的卷状云）。他还为一系列新的云彩种类提出了命名，包括“静息层云”（“鸦雀无声的云”）、“斑状层云”（“鲭鱼云”）、“纤维状卷云”（“蛛丝云”）以及“大雨云”（“冰雹阵雨”）。他在其离奇古怪的《云景》（1894 年）中对于这些命名也作出了详尽的解释，该作品的特点是使用了纷繁复杂的云符号。这些云符号的衍生符号仍然可在如今的天气概图上找到。

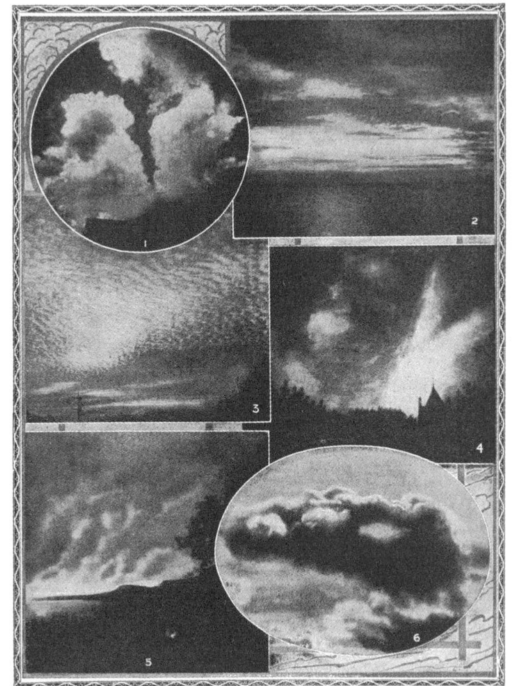
THE GLORIOUS PICTURE GALLERY OF THE SKY

1 2 3 4 5 6

While the cloud pictures in the vast gallery of the sky have never been twice exactly alike since the world began, cloud formation does follow certain quite distinctive types. Here we have examples of (1) Cumulus clouds, (2) Stratus clouds, (3) Cirro-Cumulus clouds, (4) a form of Cirrus and Cirro-Cumulus clouds to which we owe many gorgeous sunset effects, (5) Strato-Cumulus clouds, (6) low-hanging Cumulus clouds before a rain. (*From photographs by William J. S. Lockyer.*)

contained in the Easy Reference Fact-Index at the end of this work

“苍穹辉煌耀目的图像画廊”：一页早期的云彩摄影，摘自《知识全书》，1926年，这是一本风靡一时的家庭百科全书

最终，最初的拉丁语命名法力排众议、大获全胜[1]，尽管许多人仍然觉得将这些术语熟记于心是关山难越。古斯塔夫·福楼拜在其最后一部未完成的小说《布瓦尔和佩库歇》（1881年于身后出版）的一幕场景中，其笔下滑稽的反英雄人物竭力将这些名字与飘荡而过的云一一对应：

> 为了能对天气信号略知一二，他们按照卢克·霍华德的分类琢磨着那些云彩。他们凝望着那些宛若母马尾巴般突出的云、

[1] 本章中，除最终继续使用至今的拉丁云名，其他未被继续采用的云名大多已无从查证，翻译仅供参考。——译者注

“云的典型品种”，来自于威廉·克莱门特·利 1878 年的演讲《云与天气信号》，重印于《现代气象学》，1879 年

> 如同岛屿的云以及银装素裹的雪山般的云，试图分辨出雨云和卷云、层云和积云，然而还未等到他们找到名字，云彩的形状便改变了。

温婉典雅的拉丁语云名继续在语言学上张机设阱。在迈克·李的电影《五月的坚果》（又译《五月迷狂》，1976 年）中，专横跋扈的丈夫基思面对着多塞特郡科夫堡的美景沉思默想，“波澜壮阔的积雨云宛若一大团棉絮般自其上方升起”，而保守党政治家艾伦·克拉克则在 1990 年 7 月的一篇日记中写道：“高积云巍然耸立的雷暴云砧，它不仅是天气剧变的先兆，同样也是政局变化之征。”撇开政治隐喻（以及随机的大写字母）不谈，克拉克实际上将小巧而蓬松的高积云错当成巨大而雷霆万钧的积雨云，这亦是同样自命不凡的基思搞错的那个云词。

云之诗

亚历山大·蒲柏的《沉于诗歌的艺术》（1727 年）是一部无情讽刺那些劣作的作品。他在文章中分享了炮制一首史诗的配方，其中应使用的配料如下：

> 用于暴风雨。将欧洛斯、泽费罗斯、奥斯忒耳以及波瑞阿斯[1]都放入同一首诗中。再加上雨水、闪电和雷（你所能听到的最为震耳欲聋的声音），要足量。充分搅拌您的云彩和波浪，直至它们化为泡沫，然后以流沙将您的描述处处加厚。在端出之前，先将您的暴风雨在脑中酿好。

蒲柏话语中带刺的建议暗示：祭出天气法宝是万千诗人们的一种特殊嗜好。对于这些诗人来说，云朵、天宇的荡然无形与一现昙华，便是诗情画意无尽流淌的源泉活水。于雪莱而言，他对气象学经久不息的盎然兴致反映在其诸多主要作品中，其中包括《西风颂》（1819 年）以及《云》（1820 年）。云象征着在劫难逃的变数与江河日下，如他早些时候的诗歌《无常》（1814 年）的开篇部分所示。时至今日，其以被玛丽·雪莱的小说中的维克多·弗兰肯斯坦所引用而最为家喻户晓：

[1] 依次为古希腊神话中的东风之神、西风之神、南风之神和北风之神。——译者注

我们似为午夜月亮披上面纱的云；
它们无止境地奔跑、明灭、战栗，
在黑暗中粲然生辉！——但转瞬
夜幕降临，它们化作泡影，永生永世。

虽然与其说它们“化作泡影”，不如说是“改头换面”，因为对于雪莱和歌德来说，大自然中的万物皆非长眠不起抑或化作泡影，唯有变化（如《云》的最后一诗节所言，“我千变万化，但亘古不亡”）。

无常是一切自然事物的特征，是云的一种特殊性质。云即兴变幻的特性来自于千千万万的过程，而非亘古不变的永恒，来自于令一朵云变成另一朵云那永不停歇、更迭转换的能量。雪莱于 1818 年 7 月从托斯卡纳[1]寄出的一封信中写道：“观察大气的变化令我乐不可言。”信中的大部分内容读来就像为《云》拟定的梗概大纲：

这儿的大气不同于意大利的其他地区，云朵五花八门，在正午时分便会扶摇增多，时而带来闪电雷鸣，纷扬的冰雹足有鸽子蛋一般大，而到了傍晚便所剩无几，仅剩下我们在英格兰上空看到的编织细致的雾网以及一群群蓬松的云朵在缓缓飘荡。这些云朵在夕阳西下之前便消逝无踪了。

于雪莱而言，云是苍狗白衣与荡然无存的象征。而在二三十年之后，对于伊丽莎白·芭蕾特·勃朗宁来说，云则为诗情画意地联翩浮想提供了一湾避风之港——如《云居》（1841 年）中的援引，这是一场不日不月、

[1] 意大利中部大区。——译者注

流云满漾的空际静思，宛若雪莱那变幻无常的云朵，以空境中桂殿兰宫的景象开篇：

我欲筑一座云居
栖息我之所思，
于人间太过散疏，
于天国太矮低。
嘘！响亮道出吾梦，
我将它建得光漾，
建于那月耀云层，
我曾与你共望。
……

自东携乌云一片，
云雀喉清韵雅，
……

（至少这歌的片段，
携途未曾遗下。）
那将是清晨之椅，
供诗人梦一席，
当它于空中歪移，
押韵成文便失。

而却在自然之力下终于消弭：

诗人之思，——而非叹。
啊，其聚属一齐！
云墙分离又飞瀚，
如四月的天气！
屋顶与圆柱突峻，
云居建得光漾，
荡然！除那月耀云，
我曾与你共望。

这首诗创作于1841年夏季的托基，当时芭蕾特·勃朗宁正自痛失爱弟的情凄意切中慢慢恢复。她写道，她的父亲对这首诗爱不释手，“如若不是因潮湿，他定极度冀望栖居于此”，尽管并不是所有读过这首诗的人都对勃朗宁自己所说的“我的空中城堡……不宜批评家们居住”心悦诚服。勃朗宁有一位同样也是诗人的朋友玛丽·罗素·米特福德，她认为《云居》是“语言中一首至瑰至丽的诗”。在勃朗宁给米特福德写信时，勃朗宁的导师休·斯图亚特·博伊德却因这首诗而心生惊惶之念，认为在这影影绰绰的字里行间，“恶疾魔痼对智力的影响”依稀可见。

那一片片令诗人们倾心的云朵究竟是何方神圣？或许，如亚历山德拉·哈里斯所言，云朵变幻无常、瞬息万变：“宛如一首历经数次改写的诗歌，云并没有一个统一的权威版本。云状的修改持续不断，从未画上终止符。”于伊丽莎白·芭蕾特·勃朗宁而言的确如此，多年以来她一直在对《云居》修修补补，增添新句，移除冗余，并根据自己的心绪调整诗歌的语调和节奏；而尼克尔森·贝克的小说《移动式喷灌机》（2013年）中的叙述者则畏葸不前，不敢忆起其早期撰写的诗歌《云起》。对于他来说，云彩的不可捉摸性带来的是一种致命又黯淡无光的怦然心动：

自那以后，我又写了三首关于云彩的诗。我总是感到意犹未尽。描绘云彩时我两眼放光，尽管我知道这不过是炊沙镂冰罢了。它们着实日异月殊。德彪西对云彩爱若珍宝，他的《夜曲》[1]第一乐章的名字便叫为“云”[2]。

如前一章所述，卢克·霍华德的毕生以及他的语言均双双化作诗歌的主题，或许令人惊讶的是，这种现象延续至今。拉维妮娅·格林劳[3]在《我们所能仰望的天空已然陨落：卢克·霍华德 1772—1864》（1997 年）中直接致敬霍华德，这是她以诗人的身份居于伦敦科学博物馆时所撰写的。与两个世纪以前的歌德如出一辙，她亦援引了霍华德的代表之作：

……你那篇关于云彩的文章：自你滚烫的明察中，提炼而出的清凉英华。缥缈无形中，你慧眼识珠，亦发现自己永生永世身处苍穹之中……

2013 年，格林劳重返霍华德及其云彩的话题，为英国广播公司（BBC）的广播节目创作了一首新诗《云的命名者》。她将诗歌的使命比作气象学的责任，观察到二者皆在“甚为精确地描述着不甚精确之物”，并认为霍华德那溢满诗情画意的术语提供的是“一套参数，而非一堆定义”。

英国桂冠诗人卡罗尔·安·达菲在她的诗歌《卢克·霍华德，云的命名者》（2011 年）之中探讨了类似的话题。在这首诗中，这位“神魂颠倒”的年轻人将云彩奉为至宝，并开始用日常物件来给它们起名字，“甚至是

[1] 原文为“Nocturnes”，在法语中意为“夜曲”。——译者注

[2] 原文为“Nuages”，在法语中意为“云”。——译者注

[3] 英国诗人、小说家。——译者注

落日的低角度光线照亮了一排孤立的高积云

一绺卷发——因此，卷云、积云、层云、雨云”，甚至在列表的形式中，霍华德的科学拉丁语亦构成了一篇令人回味的记叙文，如比利·柯林斯在《云的学生》（1991 年）中所做，其包罗万象的教学语言是自分类语言中提炼而成的，在天宇中形成了自己的框架：“时间很长，足够给它们贴上拉丁语的名字标签。——卷云、雨云、层积云”：如刘易斯·格拉西克·吉本在小说《云窟》（1933 年）中所做，小说分为《卷云》《积云》《层云》和《雨云》四部分。这部小说是吉本《苏格兰人的书》三部曲中的第二部，讲述的是克里斯·格思里的故事以及在对土地的满心热爱与逃避乡村生活桎梏的愿望之间，这位坚忍不拔的女主角的徘徊与挣扎。自《卷云》清微淡远的希冀至《雨云》中漾满悲剧色调、凄雨霏霏的云，云的主题类推着故事的情节发展。尽管汤姆·克劳福德在最近一本再版小说的引言中指出，雨云具有“装点神、女神金装的云朵或光芒满溢的薄雾”的第二含义，就如出现在布洛肯彩虹上的光环（或“宝光”）。在这部愈发愁云惨雾的小说之中，云与云的意象阴魂不散地缠绵交萦，直到最后一段，地平线终于开始变得亮亮堂堂：

> 她缓缓步下斜坡，仅回首凝望群峦的褶皱，屏息静观这般光景。她第一次看到杳无云影的群峦，原本高高耸立着的雾柱，现在只剩浅淡的一小缕向南消融，光秃秃的岩石依然静静地翘向苍天。

糙面云

如本章之前所暗示的，云彩的命名依然山遥路远。2009 年，英国赏云协会的创始人加文·普雷特－平尼声称发现了一种新型云类，并将其命名为“asperatus”，源自于拉丁语，意为“粗糙的”。维吉尔在《埃涅伊德》中曾经用该词来描述被风吹拂的海面，这便是这些引人注目的波状云结构最为相似的地方。普雷特－平尼向赏云协会画廊提交了诸多类似的湍急云流的照片，其中大部分拍摄于美国西部。他联系了皇家气象协会（RMS），询问如何在官方词典中添加一条全新的描述性术语。经过长时间的磋商，皇家气象学会与日内瓦的世界气象组织——简称 WMO，是负责监督官方云术语的政府间组织——进行了接洽，建议采纳拟议的术语“asperatus”。

经过更长时日的磋商，世界气象组织宣布同意承认这一新的云彩术语，但应将之归类为一种附加特征，而非货真价实的云彩种类。因此，他们将其名字改为“asperitas”（粗糙，糙面云），因为修正后的分类应是名词，而不是形容词。现在，世界气象组织对这一术语的正式定义为：

> 由云彩底部清晰可见的波状结构组成，比波状云更为杂乱

2009 年，在爱沙尼亚塔林市上空，一例新命名的云种“糙面云”

无章，水平状组织也更少。其特征是云基呈现出局部化的波纹，要么平滑如砥，要么带有微乎其微的斑点，时而会下降至尖锐的点状，宛若从下方观察起伏不平的海面。不同程度的光照和云层厚度会产生戏剧性的视觉效果。

糙面云将携手另外两条拟议的术语卷滚云（意为“滚动的”）和人造云（意为“人造的”）一齐被收录至2017年出版的最新一版《国际云图》中。自60多年前乱云（意为“紊乱的”）被世界气象组织接受以来，它们将是第一批被添加至官方云名的新术语。

随着气象学持续不断的发展和改善，其诗情画意的术语亦将日臻完善，相信在未来的几年里，会有越来越多难以捉摸的术语被添加到彩色玻璃般斑斓璀璨的天穹语言中。

伦敦纳尔逊纪念柱上空的高积云盈满了苍穹

第四章　艺术、摄影与音乐中的云

多年以来，我一直对一件事耿耿于怀，如今我终于将之付诸实施。我拍摄了一系列云彩的照片。拍摄云彩是我朝思暮想的事，因为我想借此了解我在 40 年的摄影生涯中所学到的东西。通过云彩，将我的人生哲学付诸图像，以表明我的照片不为题材而生。不为独一无二的树木，不为那张张面孔，不为作室内装饰，只为特权而生：云彩是为每个人而存在的——到目前为止还未对它们征税——是全然免费的。

——阿尔弗雷德·斯蒂格里茨，《我是如何开始拍摄云彩的》，1923 年云，浮生昙花泡影，姿态扑朔迷离，是摆在具象面前百世不易的荆棘逆水。当18世纪的业余画家（同时也是画意之父）威廉·吉尔平在70年代途经萨默塞特郡时，光华耀目的夜空映入了他的眼帘，自然而然地令他想以铅笔将之描绘下来；然而，这一幕可餐媚景稍纵即逝。正当我们直立凝望之时，落日已然沉没至云层之下，璀璨溢目的万丈光芒皆被大气的迷蒙云雾褫夺殆尽，宛若火球般沉坠至地平线下。

在吉尔平开始他的素描之前，曾写道，“整轮光华夺目的良象盛景荡然无遗了”。这样的苍穹与云朵，可以解读为欲逃避万千审视、销声匿迹的化身。云若不是难以捉摸，则百无是处。如乔纳森·斯威夫特在他的悲观讽刺小说《一只桶的故事》（1704年）中铭心刻骨地抱怨：

> 如若我在一个刮风之日冒昧地向殿下断言，天边有一大片云朵，形状宛若狗熊，另一朵云在天顶，长着驴子的脑袋，第三朵云在西边，爪子似龙。殿下应当在几分钟之内考虑检验真相。可以肯定的是，它们的形状与位置都会发生变化，新云将显现，我们所能达成一致的，便是那儿有云；但在它们显现的物种和地形地貌上，我就大错特错了。

如此推断，云彩是无法探讨的，更不用说试图将之具象化或系统化。然而，如本书之前章节所示，正是云朵的变幻无常，使之成为众多科学家、作家、艺术家和音乐家长久瞩目的对象（尽管有时他们会备感挫败）。他们义无反顾地探寻着云彩的奥秘。到目前为止，这本书主要讲述了云彩的科学及语言表征，并研究了云的命名及理解方式，但本章以及下一章的大部分将要探讨的是艺术家、电影制作人以及音乐家们几个世纪以来对云的视觉及听觉响应。

分离的大地与天空：最后一缕夕光照亮了一层低矮的层积云。层积云是地球上分布最广的云类

视觉艺术中的云

1961 年 10 月，一场名为《亨利·马蒂斯最后的作品》的展览在纽约现代艺术博物馆开幕。截至 12 月初，已有近 12 万名参观者，包括这位已故艺术家的儿子皮埃尔，但没有人注意到其中的一件展品《船》[1]（1953 年）——是倒挂着的。这幅作品是从几张画纸上裁剪下来的。画中，一朵

[1] 原文为法语“Le Bateau”，意为“船”。——译者注

摩天大楼宛若一块高高耸立的镜面，其有色玻璃幕墙将云彩映至街上

云和一艘挂着蓝帆的游艇倒映在平缓如镜的湖面上。显然，正是云渺渺茫茫的倒影把博物馆策展人搞糊涂了。

直至一名参观者注意到了这个错误并向博物馆保安报告之后，该展品才按照正确的方向被重新悬挂起来，那个更为复杂的云彩图像也重新出现在了画作的顶部。如纽约现代艺术博物馆策展人为自己辩解道，画框上的标签和螺丝孔的位置均表明，该展品在大部分时间里都被挂错了方向，但他们亦承认，确实应当认识到马蒂斯永远不会以较其“本尊”更为复杂的方式来呈现一个倒影中的图案。

这段小插曲可以说是于贝尔·达弥施《/云/的理论》（1972年）中核心论点的缩影。这一颇具影响力的理论认为：在欧洲绘画发展的某一阶段中，云朵的图像（包括建筑装饰及布景设计）打破了具象的常规旧例，变成了一种不可具象的形象。在中世纪的意象当中，云彩作为通往神圣王国的门户，在文艺复兴时期开始扮演一个更为模棱两可的角色。当时，线性透视的兴起引入了崭新的具象需求，而云——须臾与物质无影无形的珠连璧合——在视觉上似乎并不那么合适。根据达弥施的说法，云彩变成了彼此间毫无共同点的图案，标识着视觉上的不可描述之物，因此"/云/"这样古怪的印刷方式便应运而生。如玛丽·雅各布斯所言；"通过使用两条斜杠，达弥施将'/云/'转换为一种索引或意符，而非一个在描述或比喻意义上表示'云'的单词。"

达弥施以科雷乔的云彩为例指出：这位艺术家在帕尔马大教堂的穹顶内绘制的"视若固态"的云彩"遮蔽了笼罩在其之上的大部分璀璨光华"。它们在视觉上的作用是紧随在升天的圣母身后，通过将她隐藏在视线之外来完成画面创作（以及圣母升天的荣耀）。科雷乔的云彩通过淡化其所在的建筑空间，在尘世间的观赏者与肉眼不可见的天际之间进行调和。

如达弥施所言，云的透视效果向视觉艺术家发出了一系列挑战。

莱昂纳多·达·芬奇在其身后编纂的《绘画论》（约1540年）中根据绘画透视法新律，为云彩的描绘提供了详细建议：

> 在两个等高物体中，离我们最远的物体会显得最为低矮……同理，由于夕阳或落日的光线，深色云看起来比另一片浅色云高。

显然，莱昂纳多透视法中的云彩图像具有通用性，它们棉絮般的形状与流云密布的天宇中呈现出的复杂形状或多或少没有瓜葛。在西方艺术中，云彩的图像演变已然经过多次概述，最近的一次由约翰·E. 索恩斯提出。他认为，17 世纪（“那时，苍穹已然开始激发艺术家们的灵感”）以前描绘的云大多都是装饰用的实体，与碰巧画有它们的图像并没有什么形式或结构上的联系。评论家约翰·拉金斯在《现代画家》第 1 期（1834 年）中抱怨：

> 对于他们（那些旧时代的大师巨匠们）来说，云就是云，蓝色就是蓝色，彼此之间毫无瓜葛。在他们眼中，天空是一座清亮可鉴、由物质构成的高高圆顶，而云朵则是飘浮在它下方的一个个独立的存在。

是荷兰与弗兰德的风景画家首次将苍穹镶进了画框之中，比如雅各布·凡·雷斯达尔的《暴风雨》，抑或他的《习习清风中的船只》（皆创作于 17 世纪 60 年代左右），这些画面主要是由麇集蜂萃的云朵构成，通常会覆盖三分之二以上的画布。这些艺术家一丝不苟地对待着他们的苍穹，在约翰·康斯太勃尔向其效法的一个世纪之前，伦敦的海景画家威廉·范·德·维尔德在汉普特斯西斯创作了一系列天宇中的户外云彩素描图。据吉尔平称，他还雇了一名船工，无论何种天气都能划船载他至泰晤士河上：“他用荷兰人的调调称这些探险为‘去滑雪’。”

显然，康斯太勃尔从雷斯达尔身上学到的云彩知识和他从卢克·霍华德书中学到的一样多。1836 年在伦敦的一次演讲中，他对其中一幅荷兰人海景画作的反馈成为其对画作含义最为闻名遐迩的陈述之一：

> 画作主题为一条荷兰河流的河口，景中未带丝缕壮阔的波澜；然而狂风暴雨的天穹，烟聚波属的船只以及支离破碎的沧海，

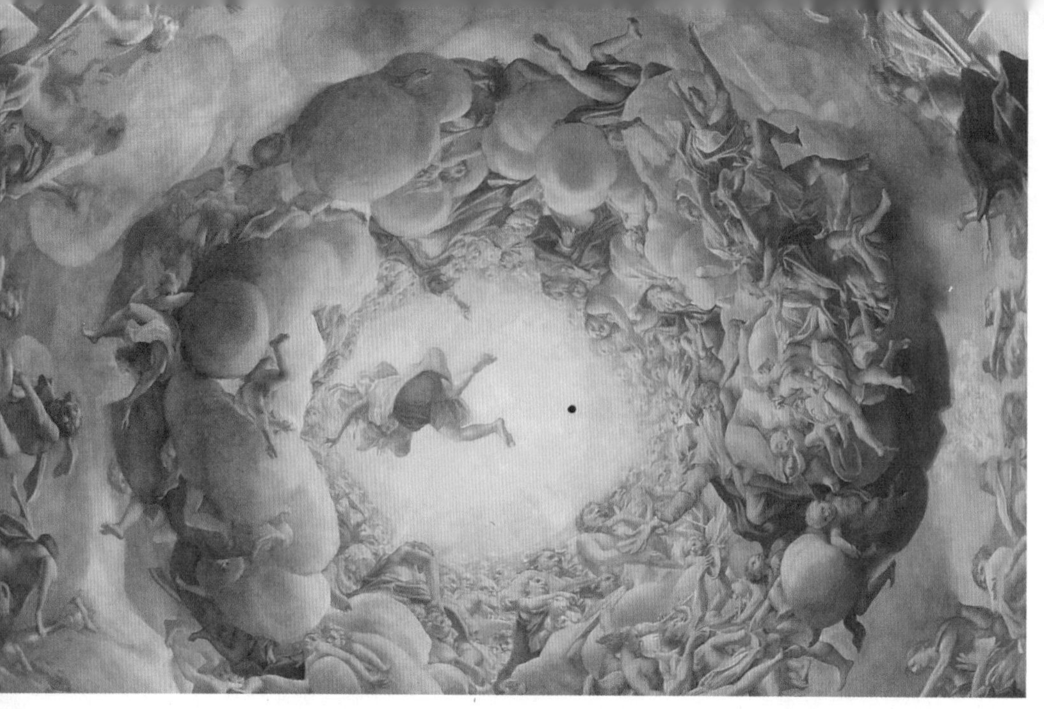

安东尼奥·达·科雷乔，帕尔玛大教堂穹顶壁画《圣母升天》（约 1526—1530 年）的细节

令这幅画成为有史以来最为荡魂摄魄的画作之一。

“映入眼帘的是灵魂；向外看的双眸将景致呈现，但却由思想再将其描绘，在心融神会之前，我们不过是黑天摸地。”

康斯太勃尔坚信理解力决定了理解的程度，这在其于汉普特斯西斯的气象探险中起着指导性作用。在 1821 年和 1822 年的夏日，他在那里创作了一百多幅云彩和天空的油彩素描，直至今日它们都是其最有口皆碑的作品。夏季的每个清晨，他都会自居所启程，步行一小段路到美景小道绿毡铺地的草坪上。草坪位于高处，是观赏云彩的理想之地。康斯太勃尔通过在每一日的同一时间来到同一地点，建立了一幅经过时间校准的天穹图，这是一种源自于自然科学的野外工作法。如康斯太勃尔所言：“绘画是一门科学，应当作为对自然规律的上下求索。那么，为何山水画不能看作自

在乔凡尼·巴蒂斯塔·提埃坡罗的《圣西克拉为瘟疫灾区祈福》中，一群祈祷的天使被云彩托起。这幅油画于18世纪50年代末期为纪念1629—1631年间的意大利瘟疫而创作

雅各布·凡·雷斯达尔《一场暴风雨》，该油画创作于17世纪60年代左右。康斯太勃尔对雷斯达尔描画的天空盛赞有加

阿尔伯特·克伊普，《年轻的牧民与奶牛》，该油画创作于17世纪50年代末期。在这一妙趣横生的景观研究中，灰扑扑的、由风吹拂而成的云朵与一群牛形成了视觉上的韵律感

然哲学的一条分支呢？那一幅幅画面为何就不能看作一项项实验呢？”他孜孜不倦地写在每张素描背面的气象笔记，都证实了他对云彩的盎然兴致不仅仅局限于视觉方面。也体现在其（个人所有的）第2版托马斯·福斯特的《对大气现象的研究》（1815年）的一篇副本中，其中第一章便对卢克·霍华德云彩分类进行了总结归纳。如约翰·E.索恩斯所示，关于云的章节中长篇大论的注释表明，“康斯太勃尔对当代气象科学有着非比寻常的了解”，这是他在描绘苍穹时追求准确性与理解力时所获得的。

艺术史学家库尔特·巴特将康斯太勃尔的云彩描述为“从气象学角度

约翰·康斯太勃尔，《卷云的研究》，1822 年，油画。这是康斯太勃尔在 1821 年和 1822 年的夏季于汉普特斯西斯创作的一百多幅油彩中的一幅

看，比——我们可以这样说——他之前所画的其他万千云朵更为精确无误”，尽管这种精确并非总是那么受人待见。皇家艺术学院的画家兼绘画导师亨利·福塞利抱怨道，每每看到康斯太勃尔的画作，都想要去拿自己的大衣和雨伞，有同样感受的还有 J.M.W. 透纳伟大的捍卫者拉金斯，他对康斯太勃尔那阴云密布的天空不屑一顾，将之斥为“穿大衣天儿，仅此而已”。

除却对户外的云彩进行的研究，康斯太勃尔还拷贝了其他艺术家笔下的天空，包括亚历山大·科曾斯的云彩序列。该序列出现在科曾斯如今影响深远的教科书《辅助绘制独创风景画构图之新法》（1785 年 ）中。

如何画云："35. 除了在天穹顶豁开一道狭窄的口，将云朵布满画纸""36. 同上，但底部色调更深"。摘自亚历山大·科曾斯的《辅助绘制独创风景画构图之新法》，约1785年

科曾斯设计了一种云视觉分类法，从"全晴"到"全阴"，从"天穹顶的条纹状云"到"天穹底的条纹状云"再到"半阴半晴"，共有20个部分。康斯太勃尔将科曾斯天空的20个部分悉数拷贝下来，连同它们长长的作者题词，这进一步证明了他在云彩视觉方面理解力上的杰出贡献。讽刺的是，拉金斯在1844年提出"画家必须通晓每一种岩石、泥土和云朵，这种通晓必须具有地质学和气象学上的精确"时，他正在描述康斯太勃尔早在上一代就开展的、以研究为主导的实践。

和康斯太勃尔如出一辙，拉金斯亦为云如痴如狂。他在17岁时加入了伦敦气象学会（后来称皇家气象学会），出版的第一篇文章《关于气象科学现状的评论》于1839年发表在学会会刊的第1卷。紧接着，他又撰写了一篇献给"天空的真相"满腔热忱的赞歌，他所说的"天空的真相"指的是人类、自然与神灵之间一种狂想曲式的精神契约。

于拉金斯而言，云彩是滋养了他智慧与灵魂的春风雨露。在他的多卷本研究《现代画家》（1843—1860年）中，有几章专门讨论了“卷云区域”“中心云区域”或“云战车”……货真价实的积云在所有云里最为蔚为壮观，几乎是唯一能令普通观察者瞩目的云。虽然拉金斯熟知十层云类，但他坚持认为（拉尔夫·艾伯克龙比亦是如此认为）仅有两种基本的云族，即“块状的”和“条纹状的”，尽管他承认有些云可以被认为是“蓬松的”：

> 羊毛或鲜亮耀目，看起来宛若悠扬飘飞的蓟花冠毛或四散弥漫，丝毫不可见其轮廓。不过，如若它属于一类常见的质地，如

约翰·拉金斯，《黎明的研究：紫调的云彩》，1868年，水彩。17岁时加入伦敦气象学会的拉金斯认为，“画家必须通晓每一种岩石、泥土和云朵，这种通晓必须具有地质学和气象学上的精确”

同一把羊毛，或一个烟圈，我便称之为块状的。另一方面，如若被数条平行线分隔，看起来或多或少地与玻璃纤维甚为相像，我便将之唤作条纹状的。

拉金斯认为，云彩与自然现象一样具有美学意义，其最终目的是为尘寰凡世的人类酝酿精神与情感上的春风夏雨。因此，他自己作为评论家的角色是“向那些似乎没有注意到天宇的人展现苍穹的妙观奇景”，将他们的双目抬向上空，效仿中世纪匠人们那般的慧心绣肠与冰魂雪魄——他们“未曾为画云而画云，只为置天使于其上”。他写道，与当今的唯物主义形成鲜明对比，是为分享他的绵绵憾意，“我们不相信云彩蕴含了如此多的雨水或冰雹”。

拉金斯在19世纪50年代末撰写的一篇精妙绝伦的文章中，回忆起一个冬日的清晨，他研究了高卷积云漫布的天穹。由于“每一朵云与相邻的云之间的距离都比以往更加清晰”，所以很容易数清它们的数量，拉金斯也确实做到了——总共有50000朵云彩，他在这数云狂想曲中将它们比作“阿波罗守护下的阿德墨托斯的羊群”：

还有谁能牧养这样的羊呢？白昼是他，黑夜是猎犬天狼星或是狩猎女神狄安娜本人——她璀璨夺目的箭矢驱散了攻城略地的乌云，而乌云则会将她那人见人爱的羊群摧毁殆尽。然而，我们必须从神话幻想中脱出身来；这些妙不可言的云朵需要极为细致的观察。我会争取在它们消失无影之前画出那么一两朵来。

然而，并非所有的云都如同冬日琼堆玉砌的卷积云那般温文尔雅。当他在1884年撰写《19世纪的风暴云》时，年近古稀的拉金斯已然在现代工业化世界中精神颓废，环境衰退所带来的乌烟瘴气令他饱受折磨、叫苦不迭。他写道，“浮世之上，魔云万千”：

> 在晴好的天气里，太阳在云后半掩容貌，宛若躲藏在树后；当乌云飘过，它便又现出身来，与昔日一样光晕缭绕。然而在毒泷恶雾的季节里，骄阳却整朝整暮地被一片或许约有 2000 多平方千米大、8000 米厚的乌云遮蔽起来，不见其踪。

翩翩年少之时，拉金斯便已宣布，世间并无毒泷恶雾的天气这样的东西，但他的性情却在时间的流逝与深重的苦难之中发生了变化。如今，他当真身处在了一朵阴云之下。“并非‘一朵’雨云，”他写道，“而是一层枯如槁木的黯黑面纱，未有一丝一缕的日光可将其穿透。”拉金斯笔下的工业化乌烟瘴气、死气沉沉，这段描述亦被广泛解读为早期的环保主义者宣言，并在弗吉尼亚·伍尔芙的穿越小说《奥兰多》（1928 年）中得到了更为闻名遐迩的描述，其中，18 世纪穿越的标志便是拉金斯那团焚巢捣穴的混乱之云：

> 奥兰多此刻才第一次注意到圣保罗大教堂的穹顶后方聚集了一小团云。钟声一响，云便越积越厚，她看见它变得暗黑，而且以令人怵目惊心的速度扩散开来。与此同时，一阵轻柔细缓的微风吹拂起来，当午夜的第六下钟声敲响之际，东方的天宇漆黑一片，虽然西方和北方的苍穹依旧天朗气清。尔后，云向北边绵延扩散。城市的上空湮没在其中……当第九下、第十下、第十一下的钟声敲响之际，整个伦敦便笼罩于黑天墨地之中。伴随着午夜十二点钟声的敲响，伸手不见五指的黑暗已完全主宰了城市。

贾斯珀·克罗普西,《哈德逊河上的过境阵雨》,1885年,油画。克罗普西的狂想曲式随笔《飞上云端》(1855年)敦促了其美国的艺术家同行们去更多地关注天空的"梦想世界"

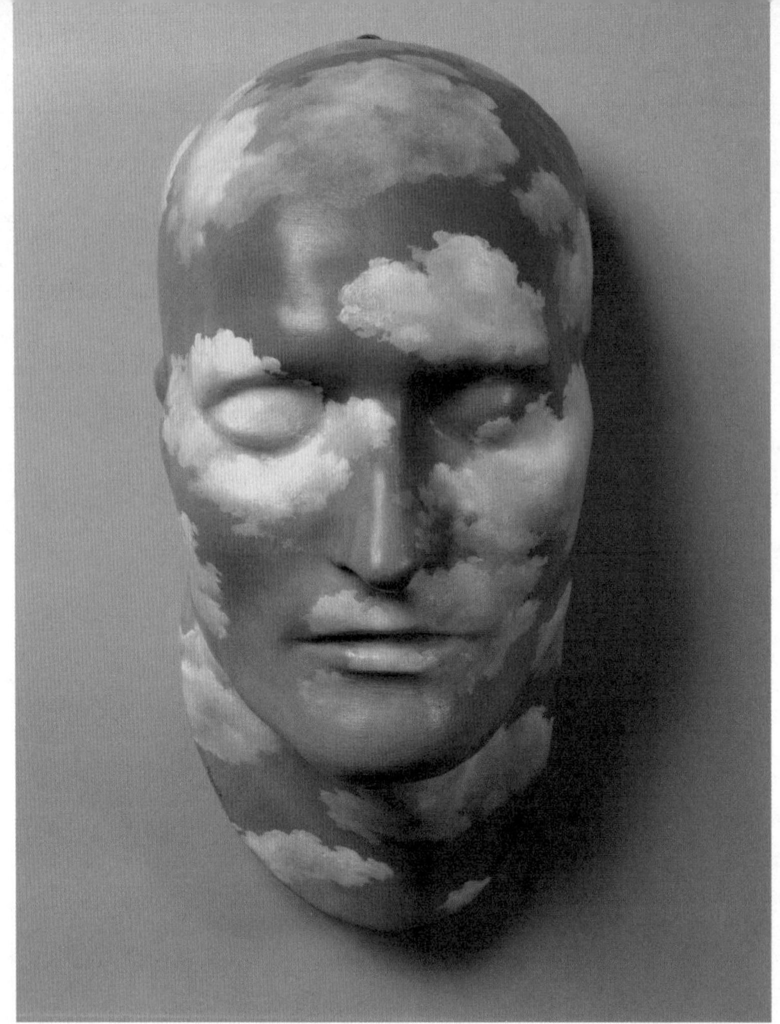

勒内·马格里特，《雕像的未来》，约 1937 年。此为拿破仑死亡面具的石膏复制品

> 一团湍急的混乱之云劈天盖地地笼罩着这座城市。万般皆黑暗，万般皆疑念，万般皆狼藉。18 世纪落下了帷幕，19 世纪登上了舞台。

如若说康斯太勃尔是 19 世纪最热衷于云的画家，那么勒内·马格里特则是 20 世纪的康斯太勃尔了。云，伴随着烟斗与圆顶礼帽，是这位比利时超现实主义者频繁使用的标配，并常常以规则的图案形式呈现，例如在《诅咒》（1931 年）中，这是他对“纯”云的系列研究中的第一部作品；抑或是在《伟大的冒险》（1938 年）中，一朵云彩静默无声地飘至房间内，外部将内部攻城略地。《洪水猛兽的天气》（1929 年）是超现实主义的云雾状物品的集合，画面正中绘有一把云椅、一把云大号以及一座无头云像，白茫茫地漂浮于汪洋之上。这与《雕像的未来》（约 1937 年）形成了反差。《雕像的未来》是拿破仑死亡面具的石膏复制品，其上所绘的云朵飘荡而过，宛若历史天穹中沧桑的岁月，无可挽回。诸多其他艺术家，比如埃米尔·诺尔德，均对云彩与天空生出了现代主义式的盎然兴致，但马格里特却将它们归为了自己的个人标记，一次又一次地回归至云的悖论之中，即具有体积但无表面的自由浮动的物体是转瞬即逝、高深莫测而又神乎其神的。

他的作品集中体现了维多利亚时代的气象学家威廉·克莱门特·利一段振振有词的控诉，即画家不同于摄影师：“画家作为一个阶层（他们必须原谅我口出此言），似乎乐于在云彩图画中表现不可能的事物，并对此欲罢不能。”此番言论虽一语中的，但却不带有一丝恭维的意味。

摄影作品中的云

19 世纪中叶，随着摄影术的横空出世，一种全然崭新的天空写实方式隆重登场，尽管自初始便遇到了实际的难题。云看似上镜十分自然，但却给早期摄影师带来了十分严峻的技术挑战：其长达数分钟的曝光，导致景观研究被感光过度的天空所破坏。主要的困难在于如何解决天空的蓝色与云的白色（或灰色）之间对比度不足的问题，后者在早期的摄影底片上几近无法分辨。黯淡而庞大的积云不会产生这种问题，然而经过证实，对颜色较为清浅的云（例如卷云或卷积云）的拍摄极为艰苦卓绝。诸多早期的

罗杰·芬顿，《有云的景致》，约 1856 年。这是芬顿在其风景摄影作品中使用的一系列天空图片中的一张

实践者采用的一种解决方案是：将天空中曝光不足的图像进行分离，然后将它们叠加在那些白色的原始图像上。罗杰·芬顿的《九月的云》(1859 年)本身便已成为了一幅经过多次展出的作品，然而它起初不过是诸多天空摄影照片中的一幅，旨在为芬顿的工作室提供可供订购的空景摄影，以备不时之需。

后来的摄影技术还包括使用彩色滤光片来抵消日光。如法国气象学家、摄影师阿尔弗雷德·安戈在 1896 年的《自然》杂志上发表的一篇文章中的解释，黄色滤光片产生的效果最佳，因为来自天空的光线中含有极微量的黄色与绿色光，因而其在很大程度上被吸收掉了；然而，在另一方面，存在于云层白色光中那浩如烟海的黄色光和绿色光会通过屏幕，留影在感光底片上。

瑞士气象学家阿尔伯特·里根巴赫成功地尝试了使用尼科尔棱镜过滤偏振光，从而增加了哪怕是最为黯淡无光的云层的对比度，他拍摄的黑白照片至今仍是有史以来最为清晰可辨的云彩图像之一。研究还发现，含有大量溴化物的显影液能使“云层和天空形成更为强烈的对比，而且可以进一步显影，不必担心雾化”。

但并非每一位气象学家都对这种别出心裁的奇思妙想感到称心如意。诺曼·洛克耶爵士本人便是云彩摄影方面的先行者，他多年以来一直致力于完成一本尚未终结的书，书名的前景极度不可限量——《在那用相机拍下的大雷雨中》。在书中，他满腹牢骚地抱怨某些摄影师滥用着“自己制造的云”：

> 我们有所耳闻（我不知道真相如何），在相机架上煞费苦心地放置几块棉毛以及其他的一些物件。这些物件经过挖空心思的处理，可以摆弄出与天然云彩相似的模样，而那些能干的鉴定员也被这些手段给骗过了。

于洛克耶而言，云彩的摄影是一项严肃的科学工作，与创造“美好绝妙的图片，甚至是精确无误的图片”毫无瓜葛。如若摄影对气象学能产生价值，那它应该是一种解决问题的技术，而非一种纯粹的具象技巧。于是事情开始出现转机，因为摄影技术解决了一个旷日持久的难题，那就是可以利用“云摄影机或摄云照相机”来确定云的精确高度（如丘天文台的台长所描述的那样）。如若在两处不同的地点同时拍摄同一朵云的两张照片，那么便可以运用简单的三角函数来确定云的高度。从 19 世纪 80 年代起，皇家气象协会的成员便借助摄云照相机以及最近的另一项创新发明——电话在全国各地成功地应用了该项技术：

> 相隔适当距离的两位观测者通过电话互相联系，事先选择一朵云，各用一架照相机对准它。操作人员在同一瞬间松开两架照相机的快门，由此来实现同步曝光。

19 世纪 80 年代，当非同寻常的波状云的图像开始流传之时，洛克耶对摄影术所带来的匪浅裨益越发深信不疑。这些难得一遇的珍稀云种后来被命名为“开尔文－亥姆霍兹浪状云”，它们在视觉上证实了德国物理学家赫尔曼·冯·亥姆霍兹最近提出的大气不稳定性理论。该理论认为，不同密度的大气层在以不同的速度和方向进行移动。从照片上可以清楚地看到，这些云的较上层部分是如何被风吹塑成别具一格的波浪状结构的，从而在洛克耶眼中证实了亥姆霍兹的理论。

摄影对科学理解云层和天气发挥着巨大作用，但即便如此，诸多技术与感知上的难题依然存在。颜色分辨率偏低便是一块特别难啃的硬骨头，如拉尔夫·艾伯克龙比在 1887 年所言，“虽然摄影无疑远远优于绘画或雕刻，但必须谨记，尽管在拍摄的过程中，形状被准确无误地拍了下来，但色彩与距离却无从体现”。明暗对照不够、无法感知物体质地、体积和深度等问题亦频繁出现，即使是在旭日东升或夕阳西下时分（这时降低光线对比度会有利于云彩的拍摄）拍摄的照片也无法避免同样的问题。一位气象学家万般无奈地表示，“成功的云彩拍摄与普通的摄影工作实为天壤之别，因而能够成功拍下（甚至是及格的）云彩照片的摄影师仅仅是凤毛麟角”。勤耕不辍的艾伯克龙比本身便是一位心无旁骛、全心奉献的云彩摄影师。他在环球云彩之旅中随身携带了多部相机，并详细地记录了他所面临的挑战：

> 云彩摄影所面临的实际困难层出不穷，因为除却在胶板上获得历历可辨的图像十分不易之外，想要拍出好的效果也需要花费大把的时间。有时要用上半打模糊不清的胶片才能拍出一张不错的照片，而我常常不得不用上两三个小时观察一片云彩，才能找到合适的光线。云的形态是如此稍纵即逝，有时镜头刚刚聚焦到一张好景致，还没来得及放好遮光滑板，画面中的云便已荡然无存了。

1887 年，英国皇家气象协会展出了一批艾伯克龙比的云彩照片，其中一位与会者称这些照片是“他所见过的最为美不胜收的云彩照片”，因此，他的照片中没有一张被选中、列入早期的云图一事必定令人大失所望。

自 1890 年第一部云图问世起，摄影作品的选择便一直作为编辑工作的重中之重，但事实证明，选择合适的图片是整个工作中最为复杂的部分。如其编者在引言中所言：

> 现有云类的草图不甚精确，不能够作为完美无缺的指南来使用。优秀的照片能够如虎添翼，然而它们却是无色无光。为使非专业人士能够理解云图，至少图片中的云彩和蓝天必须能够令人清清楚楚地相互区分开来。

由于大多数的云彩照片仍未达到这项基本要求，他们便提出了如下的解决方案：对 10 幅特别委托绘制的油画（第 9 幅“积雨云”尤为明光烁亮）以及 12 幅小像幅胶板画“快照”进行整页彩色平版印刷，以此作为一种比较不同形式视觉表现的证据价值的方法。然而，印刷出来的图片缺乏清

《国际云图》（1896 年）中积云的三色版式四色版图，1893 年 8 月 31 日在波茨坦天文台拍摄的原照

晰度和对比度，充其量不过是“介于照片与图表之间”的东西，如编辑们承认的那样：

> 必须进一步指出，这些照片是在不同的情况下进行拍摄的，因而呈现的效果截然不同。部分照片显示出了相对清晰的天空，其中大部分照片的日期较旧。另一部分的照片则是通过曙红板所得，湛蓝的天宇在藤黄和奎宁溶液中几近荡然无存，其中色泽最为浅淡的云以极大的锐度现身，这看来几乎是不甚自然的。

对于在揣摩制作第一部云图期间所吸取的经验教训，第一部正式《国际云图》的编辑们并未抛到脑后。作为编辑委员会，国际气象委员会的云委会发出了云彩照片的征集，并收到了来自五湖四海大量的投稿，得益于围绕首届国际云年（1896 年）的相关宣传，作品投稿数量得以节节攀升。评委会从 300 多张提交的照片中甄选出了 25 幅，其中 15 幅被再版成了全彩照片，另外还有一批由评委会直接管理下的艺术家们委托创作的油画的彩色平版印刷图。当时，彩色摄影还是一种全然崭新、不为人们所熟悉的技术，这些绘画作品在一定程度上作为一种可靠的视觉参考，让那些不习惯在页面上看到印刷（与手工着色不甚相同）彩色照片的读者满意。直至 20 世纪后期，云图才开始仅仅以照片的形式进行说明，尽管油画和素描（尤其是用于鸟兽）至今依然是博物志野外图鉴中亘古不变的内容。

1922 年，美国摄影师阿尔弗雷德·斯蒂格里茨创作了 220 多项云彩作品中的第一项，这些作品后来被称作《等价物》。他以前曾尝试拍摄天空，但并未成功，然而最近新出现的一种新型全色感光剂可以捕捉到更大范围内的大气阴影与对比图。斯蒂格里茨的首部天空系列作品《音乐：十云图模进》（1922 年）是为作曲家埃内斯特·布洛赫所创作的。斯蒂格里茨回忆起他希望布洛赫看到这些照片并赞不绝口地惊叹：

> 音乐！音乐！天啊，为何是音乐！你是如何做到的？然后他会指着小提琴、长笛、双簧管和铜管，满腔热忱地说他要谱写一首交响乐，名为“云”。不同于德彪西的曲子，但丰富得多。

当年晚些时候，布洛赫在纽约的一家画廊里看到该系列作品时，他的反应显然与斯蒂格里茨所预想的别无二致。

“音乐”系列中的几乎所有图像以及《等价物》中其他的类似图像均以这种方式印刷：天穹呈现出黑色抑或几近黑色，在天空与云彩的色调之间形成了鲜明的对比。有些图片含有太阳，可作为一种组合或照明元素，但大多数图片都缺乏一个视觉参照点。人们通常认为该方法预示着抽象摄影的萌芽，尽管有必要回顾30年前在第一本云图的序言中所述：云彩摄影“始终有一些异乎寻常之处，因人们的注意力从景致上转移了。然而就目前看来，情况恰恰相反。在我们的照片中，景致中唯一的对象便是朝向天宇”。或许就其本质而言，千千万万的云彩摄影均是一种不可避免抽象的视觉形式。

早在1896年，阿尔弗雷德·安戈就曾向业余摄影师发出呼吁，希望他们能拍摄出“铭心镂骨、形状妙趣横生的云彩，并精细入微地记录下它们现身的时间与方位”。在下一个世纪，他的夙愿在赏云协会中得以成真。这是一个业余爱好者组织，由英国作家、云彩观察家加文·普雷特–平尼于2004年创建。

该协会发表宣言承诺“与陈词滥调的‘蓝天思想’拼个你死我活”。该协会拥有一座日益壮大的云彩照片在线大画廊，其中诸多照片均能满足安戈“形状妙趣横生”的要求。普雷特–平尼在该协会首次发布的图片集序言中指出，“我们所奉为至宝的，是那些看起来千奇百怪的云朵形状”：

> “一朵吠犬形状的云”或“飞碟形状的云”，这些云或许最为难得一见。我们不仅要碰巧随身携带相机、在正确的时间正巧抬头仰望天空，而且还要保持一种特定的思维状态，以便洞若观火地看清云中的形状。

在不成形中看到有形的艺术，心理学家称为空想性错视，从彼特拉克在云中望见其挚爱劳拉的容颜（见《抒情诗集》，约1340年，十四行诗第129首）到广受引用的《花生漫画》，莱纳斯和查理·布朗仰面平躺凝

阿尔弗雷德·斯蒂格里茨，《等价物》，约 1929—1930 年，据推测为明胶银印刷

起床的熊：心理学家将在云中看到形状的艺术称作空想性错视（源自于希腊语“与图像一同”）

望着天空的流云，查理问莱纳斯能否看到云中有什么形状时，莱纳斯回答说，他刚刚看到了英属洪都拉斯的轮廓、美国画家托马斯·伊肯斯的侧影以及圣斯蒂芬被处以石刑时那纤毫毕见的画面：“使徒保罗站在一旁。你呢，查理·布朗？”“我本想说我看到了一只鸭子和一匹马，但我改变了主意。”这种文化修辞由来已久。其中，这段对话被改编成长篇动画《一个名叫查理·布朗的小孩》（比尔·梅兰德兹执导，1969 年）的开场场景。比尔·梅兰德兹通过将人物的潜意识投射到流动不息的云幕上，揭示了每个人物的真实内心。如哲学家戴维·休谟在 1757 年所言，“人类普遍倾向于认为，世间万物皆与自己甚为相像”，这便是为何“我们在月球上发现人类的容颜相貌，在云端看到人类的千军万马，（并且）将一切令我们遍体鳞伤或满心欢喜的事情，均归于不良祸心与仁善佛心”。

我们在不成形中看到事物，这一想法在柯勒律治的十四行诗中得到了发展，《云中遐想或云上诗人》，这是他于 1817 年的一次海滨度假中，为凝眸于云这般乐事所创作的自娱自乐的诗句：

啊，这般陶情，怀一颗枕稳衾温之心，
就在日落之后或清风明月的天宇，
让那潋滟流动的云化作君心所欣，
抑或让那双极易折于片言的明目
拥有自模里刻出的万千古怪离奇，
源自于友人的联翩浮想；抑或垂首，
侧过脸颊，看浮光跃金的河水流溢
在深红的河岸之间；然后，一位旅人，行走
自一座山川到另一座山川，穿越云境，美不胜收之境！
……

赏云协会会员证书，2006 年 1 月 22 日。如今该协会已吸纳了来自近 120 个国家的 4 万多名成员

柯勒律治陶醉于云彩和天气无法自拔，甚至冒着滂沱暴雨徜徉于层峦叠嶂，停下来赞美“他那至尊陛下的奴仆们——云、水、太阳、月亮、群星等”的乐善好施。显然，云朵形状最为细微末节之处亦足以使他陷入空想性错视的狂想之中。然而，观云并非为所有人喜闻乐见。阿里斯托芬对在云中看到形状的习惯抛出了冷嘲热讽：“你见过云，是不是？形状如同马人、豹子、狮子之类的？”然而《花生漫画》中的片段多年以来吸引

了数不胜数的人竞相模仿，包括比尔·沃特森的连环漫画《卡尔文与霍布斯》，其中，卡尔文将自己的云描述成“一堆悬浮的水和冰粒”，匠心独具地扭转了类比的方向，同时也尘封了卡尔文的满腹疑团。然而于赏云协会而言，这并没有那么相似。第 2 版《看起来千奇百怪的云》（2012 年）集中展示了一系列大气幻影，从司空见惯的、排排站的小狗和海豚到更为令人毛骨悚然的幻象，例如把玩尤利科头骨的哈姆雷特[1]，他一只巨大的云手自天际垂下，还有米克·贾格尔脱离了肉体的嘴唇（“从我的云中消失无踪”）中那落日余晖的波澜壮阔之象，这亦是对曼·雷 1936 年的作品《情人》的一种生活化的艺术再现。如普雷特－平尼所言：“没有其他组织能够呈现出这样的图像——（一个）国际团体，其成员啜饮于云端，口袋里装着相机。”对于能成为其中正式的一员，我着实乐不可支。

电影中的龙卷风

1926 年夏季，电影导演（前王牌飞行员）威廉·A. 韦尔曼开始着手拍摄他的第一部空战电影《翼》。他在拍摄初始便发誓绝不会在摄影棚里伪造电影里的任何一帧，也不会将任何一帧与花钱买来的镜头拼接在一起。

其使用借来的美国空军飞机拍摄的所有空战镜头都将用飞机上安装的摄像机进行实景拍摄。然而问题在于：在影片即将开拍的得克萨斯州圣安东尼奥，天空连续几周万里无云，使得拍摄工作耗资巨大。一个月过去了，派拉蒙影业公司委派了一名高管去得克萨斯州，询问韦尔曼为何非要等云。这位导演义正词严的回复在好莱坞传奇中千古流芳：

[1]　《哈姆雷特》中的著名桥段。哈姆雷特把玩小丑尤利科的头骨时，对生与死进行了深入人心的思考。——译者注

跟一个对飞行茫然无知的人说你不能在没有云的情况下拍摄空战，他会认为你脑袋进水了。他会问："为何不能？"这可一点儿也不讨人喜欢。第二，你感觉不到速度，因四周并无可参照之物。你需要一些实实在在的东西在飞机的后方。云可以满足这一点。然而在湛蓝的天穹中，这便宛如漫山遍野那令人切齿痛恨的苍蝇。从画面上看，简直糟糕透顶。

奥斯卡最佳空战电影《翼》（威廉·A. 韦尔曼执导，1927 年）中第一次世界大战的场景。该图描述的是 1914 年的圣米耶勒战役

在工作室的施压下，韦尔曼的摄影师哈利·佩里试图用悬挂在细线上的棉花球来制作一些云朵模型，可想而知，效果引人发笑。一组专业人士随后被派去尝试制造一些临时性的模拟云朵，但也无功而返。最终，一群货真价实的积云现身了，《翼》亦成功杀青，这令韦尔曼备感快心随意，尽管拍摄工作大大超出了预算。然而，这部电影在1928年摘得了第一顶奥斯卡最佳影片的桂冠，同时也荣获了奥斯卡最佳视觉效果奖，这证明了韦尔曼坚持使用天然的云作为空中视源实为真知灼见。其空战场面至今依然被视作电影史上的经典之作，备受推崇。

在《翼》问世后的几十年里，电影技术已然今非昔比，然而云彩拍摄带来的挑战依然存在。众所周知，仍然难以在电影中捕捉到没有参照点的天空，而没有云，便意味着大气的缺席，如英国广播公司的热门电视剧《波尔达克》（2015年上映）的剪辑团队所发现的那样。在第一季的后期制作中，夏季的康沃尔郡出乎意料地晴空万里，剪辑团队便在该地拍摄的许多沿海场景中适当添加了几朵“徘徊不散的”云彩。

无独有偶，当暖空气上升至山谷斜坡并被转化为低矮而蜿蜒的云朵时（在秋日清晨观看效果最佳），这种云朵便会斗折蛇行地穿越瑞士阿尔卑斯山脉的马洛亚山口。这种难以捉摸的云现象被称作“马洛亚云蛇”。在获奖影片《锡尔斯玛利亚》（奥利维耶·阿萨亚斯执导，2014年）的结尾中，云带的出场动人心魄，其神秘莫测的现身部分受自然召唤，但主要是由视觉效果设计师托马斯·佐利克设计而成，他在欧洲电影导演界中享有“云雾专家”的盛名。

将相机对准几近静止不动的积云是一回事；而对准一场流星飞电般的致命龙卷风暴便完全是另外一回事了。龙卷风是一种狂澜般旋转的气柱，它会将积雨云的底部与地面相连。当猛烈的倒灌风将风暴的旋转核心拖至地面时，龙卷风便形成了。龙卷风会产生一种肉眼可见的冷凝漏斗云，当

晨曦微露时分，一股低矮的层云沿着多尔多涅河谷斗折蛇行

其与地面接触时便会将土壤与碎屑抛起。尽管龙卷风在地球上的每块大陆皆屡见不鲜，但其在美国中西部的表现却异常引人关注，每年约有 100 人死于龙卷风。作家兼工程师约翰·帕克·芬利于 1887 年写道：“美国的人口稠密区注定将永生永世遭受龙卷风的肆虐……如黑夜与白昼如影随形，漏斗状的云必然永远如期而至。”芬利的里程碑式著作《龙卷风》（1887 年）是第一本专门论述这一主题的书，尽管其本意是一本讲述如何在龙卷风中生存的手册。正是那些精彩绝伦的龙卷风插图最为引人注目。其中的诸多镌版选自富兰克林光电公司提供的照片，显示了龙卷风数次侵袭过后满目疮痍的景象，而其他的镌版则是通过摄于风暴中心的照片制作而成的，或是源于在龙卷风过境不久后绘制的草图，展示了龙卷风的形成过程——自其初次从云层底部下降的若即若离，到其横扫广袤大地的山崩地圻。

正是横空出世的摄影技术使得龙卷风为世人所熟知。如芬利所言，一

龙卷风的诞生：约翰·帕克·芬利的开创性著作《龙卷风》（1887 年）中的镌版照片

张龙卷风的照片产生的效果远比一篇文字的描述更为震撼人心，尤其是因为对于龙卷风的描述往往相互矛盾：“龙卷风被称作‘气球形的’‘篮球形的’‘蛋形的’‘宛如一只巨大的风筝拖在地上’‘球根状’‘宛若大象的鼻子’等等。”然而，尽管面临着技术上的难题，早期的摄影师们仍然拍下了一些令人叹为观止的龙卷风照片，其中最早为人所知的一张摄于1884 年 4 月 26 日。照片显示了一股轮廓清晰可辨的龙卷风在经过堪萨斯州的加内特小镇时，正处于“逐渐消散”的早期阶段。根据当时的一份媒体报道，“从加内特那里可以清清楚楚地看到，龙卷风在大约 30 分钟的时间里清晰可见，它移动得如此缓慢，以至于人们可以成功地将之拍摄下来”。

这张照片的拍摄者是 A.A. 亚当斯，他在邻镇拥有一家摄影工作室。

亚当斯紧接着便卖出了数百份这张照片的纪念卡，并将其刊登在包括《自然》《科学》以及《美国气象》在内的期刊上。然而他极为时运不济，

33

in the same degree with every appearance of the cloud, but the lower end of it (the part nearest the earth) is invariably the smallest. Whatever the inclination of the central axis of the cloud to the vertical or plumb line, the lowest end is the narrowest and nearest the earth. As seen in different positions and stages of development by various observers, located differently, the tornado-cloud has been called: "balloon-shaped;" "basket-shaped;" "egg-shaped;" "trailing on the ground like the tail of an enormous kite;" of "bulbous form;" "like an elephant's trunk," etc., etc. In the majority of instances, however, observers describe the cloud as appearing like an upright funnel. When the tip end of

Tornado-cloud which passed near Garnett, Kansas, at 5:30 P. M. April 26, 1884. From an instantaneous photograph.

已知的第二张龙卷风照片，摄于1884年8月28日的南科达他州霍华德城附近。主漏斗云在地面上掀起了一层尘云，而两侧的两股副漏斗云宛如一对犄角般探出，令云朵呈现出影影绰绰的青面獠牙

已知的第一幅龙卷风照片的镌版，摄于1884年4月26日，堪萨斯州

因为另一张更为令人惊叹的龙卷风照片很快便盛行于世。这张由F.N.罗宾逊拍摄的照片显示了在1884年8月28日，在南达科他州的霍华德城附近，一场猛烈的龙卷风掀起了一朵狂暴的破片云，而此时距“加内特风暴”仅仅过去了4个月。

一对“卫星龙卷风”在主漏斗云的两侧，令因盈满雨水而黑沉沉的雨云越发狰狞。与加内特龙卷风截然不同的是，霍华德风暴造成了多人死亡。公众对这幅不同凡响、几近哥特风格的照片兴致盎然，相比之下，早些时

36

violently upward by a spirally inward and upward motion which fairly crushes and grinds into pieces buildings, trees, and whatever else falls in the line of the advancing cloud. The spirally upward motion throws the ascending débris in a circular manner outward at the top of the tornado-cloud. This débris, when beyond the central whirl of the cloud, falls to the earth, but in such a manner and so disposed as to indicate the character of the force which acted upon it.

Tornado near Redstone, Davison Co., Dakota, Aug. 28, 1884. From a sketch by J. H. Nott. See opposite page. These two pictures of the same storm, made 20 miles apart in adjoining counties by different persons having no knowledge of each other, are valuable confirmations of one another.

No. II. is called the *progressive* motion of the tornado-cloud, the motion which determines the cloud's track from one point to another. The rate of progressive velocity ranks next in order to the velocity of motion No. I., although it is at all times far below the high degree of the latter.

The rate of progress of the tornado-cloud is subject to great variability throughout the path of any one storm, although on the average tornado-clouds possess a moderately uniform velocity of progression. Some observers have indicated the movement by the following expressions: "All in an instant." "Gone in a moment." "Quicker than

18[illegible]月 28 日，南达科他州龙[illegible]草[illegible]素描，源自芬利的《龙[illegible]风》

侯亚当斯的[illegible]幅作品很快便黯然失色。约翰·帕克·芬利在他的《龙卷风》[illegible]书中[illegible]了这两张图片，同时还附上了业余艺术家 J.H. 诺特在南达科他州雷德斯通绘制的第二场龙卷风的速写。芬利说道，“这两张关于同一风暴的图片，出自素不相识的两人之手，他们在相隔约 30 公里的邻郡。这便是难能可贵的彼此互证”。与早期云图中的视觉媒体排列如出一辙，照片为图画之证提供了支持，而图画反过来又证实了照片。

虽然罗宾逊的龙卷风照片显而易见是经过了摄影棚某种程度的处理，

但气象学家认为至少就其轮廓来看，这确实为一场货真价实的龙卷风。相比之下，《绿野仙踪》（维克多·弗莱明执导，1939 年）中备受推崇的“旋风”场景尽管是由一只悬挂在钢架上的 11 米长的棉布风筒做成的，但时至今日它依然是好莱坞最令人信以为真的龙卷风之一。这一场景被证明是整部电影中制作最难、斥资最多的部分——单是钢架的成本便逾 1.2 万美元，而且该场景需要阿诺德·吉莱斯皮（米高梅电影公司特效部主管）用上全部的慧心巧思。他的首次尝试是用一块 1 米长的黑色橡胶圆锥体，不

来自于《绿野仙踪》（1939 年）的标志性龙卷风，至今仍是好莱坞历史上最令人信服的场景之一，尽管它仅仅是由一只悬挂在金属架上的棉布风筒做成的

过未能产生令人信服的“旋转”，但改用棉布又会转动得太多，需要加以控制。“我们必须用钢琴线将其缠绕起来，如此一来，当我们旋转它的时候，它便能紧紧地系在一起。”道具师杰克·麦克马斯特回忆道：

> 我体形矮小，因而他们便让我钻进道具之内。那些系线的人会将针戳进棉布之中，而我又会将其拔出。在这巴掌大的狭窄空间里，那番感觉着实宛如抓心挠肝。

这场于 1981 年 5 月在俄克拉荷马州上空拍摄的龙卷风被命名为“绿野仙踪龙卷风”，因为它与 1939 年电影中那斗折蛇行的龙卷风相差无几

“为加强龙卷风山呼海啸的效果，我们在圆锥体的顶部与底部皆注入了足量的漂白土和压缩空气。”吉莱斯皮回忆道，“这是为了制造尘云，因龙卷风沿地面推进时会产生飞沙走石般的狂澜波动。棉布上留了足够多的孔洞，里面的漂白土可以自孔洞飘洒而出，呈现出一种朦朦胧胧、绵软柔和的效果。如此一来，棉布看着就不会那么假，如同一块人造硬面了。”一旦将龙卷风拍摄下来，这些镜头便会经过处理而作为现场演员的背景板。拍摄过程中，一个1米高的桃乐茜农舍模型被拍下落到了涂成天空模样的地板上。为了创造龙卷风卷起农舍和里面的桃乐茜、托托的那一瞬间，电影只是将这段镜头简单地进行了倒放。

《龙卷风》（简·得·邦特执导，1996年）讲述了一位如痴如狂的气象学家的故事，由海伦·亨特扮演。这位气象学家发明了一种龙卷风研究设备，并将之命名为桃乐茜，以向《绿野仙踪》中龙卷风的原型致敬

1981年5月22日，一场龙卷风在俄克拉荷马州的科德尔横空现身。由于其异乎寻常的形状和动向与电影中的龙卷风极为相似，故而被戏称为“绿野仙踪龙卷风”。这似乎是大自然致敬艺术的佳例。最终“逐渐消散”阶段的龙卷风依然暗藏

杀机，尤其当其被风吹来吹去的时候。在视频网站油管上可以看到科德尔龙卷风的视频片段：从它在灰飞烟灭之前旋转成的三回九转的曲线，便可以看出其弥留之际的垂死挣扎有多么剧烈。这场龙卷风被拍摄为密西西比州立大学“声音追踪”项目的一部分，该项目旨在对龙卷风所产生的各类暴音怒吼进行监测。

近几十年来，卫星摄影技术改变了我们对云作为大气系统的理解，它们的宏观形貌直至地球轨道卫星的横空出世之后才变得一目了然。如历史

第二次世界大战期间，自北大西洋护航的飞机上拍摄到的水龙卷。本质上，水龙卷即是海上的龙卷风，尽管这个名字容易产生误解。它们其实是由大气中的云在漏斗云中凝结而成，而非自海面汲取到的海水形成

学家保罗·N. 爱德华兹所言，卫星图像意味着“气象学家可以直观地看到大规模的气象系统，不必再去费力劳神地构建云图和绞尽脑汁地想象了”。

例如，人们自 20 世纪 30 年代以来便已知晓了喷流，然而沿其流动数百公里的卷云带唯有在地球大气层外拍摄的照片中历历可辨，冯卡门漩涡（以最早进行描述的物理学家的名字命名）的漩涡状图案亦是如此。当高速流动的气流绕过某些物体时，便会形成冯卡门漩涡：自地面看，云朵中的漩涡表现为层积云云层的局部摄动，但自空间看，则显示为蔚为壮观的佩斯利漩涡花纹，这些漩涡在碰到物体后的尾流中蜿蜒前行了数公里。

马丁·约翰·卡拉南，《行星秩序》（2009 年）：一颗 3D 打印的云地球仪，显示了一秒钟内（协调世界时为 2009 年 2 月 2 日 06:00）地球的云层覆盖情况，该信息来自美国国家航空航天局（NASA）和欧洲航天局（ESA）监管的全部六颗云监控卫星

1966 年 11 月从双子座 12 号（Gemini 12）飞船上看到的红海上空的喷流卷云

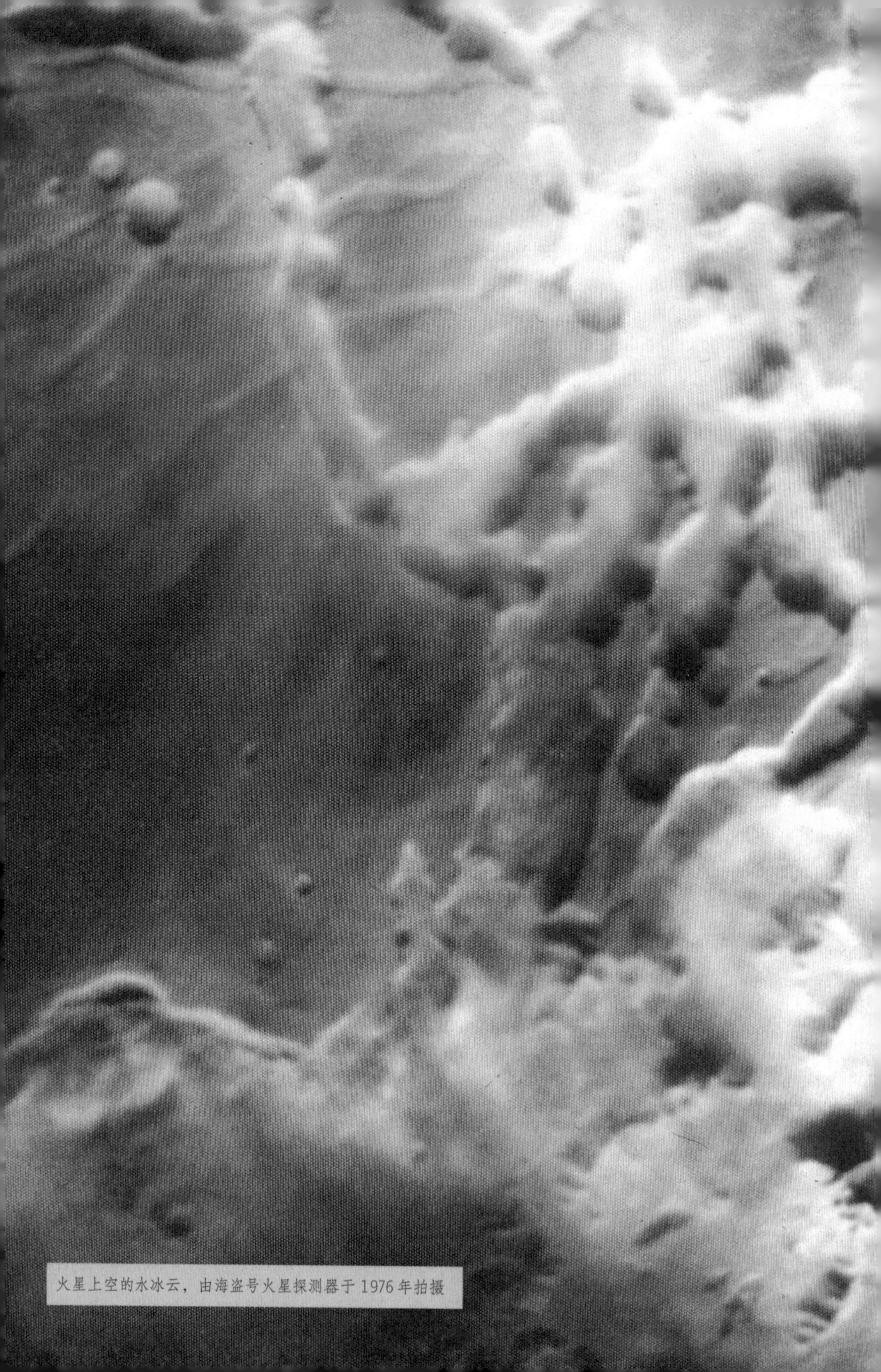

火星上空的水冰云，由海盗号火星探测器于 1976 年拍摄

金星上的硫酸云，由先锋者金星轨道器于1979年探测

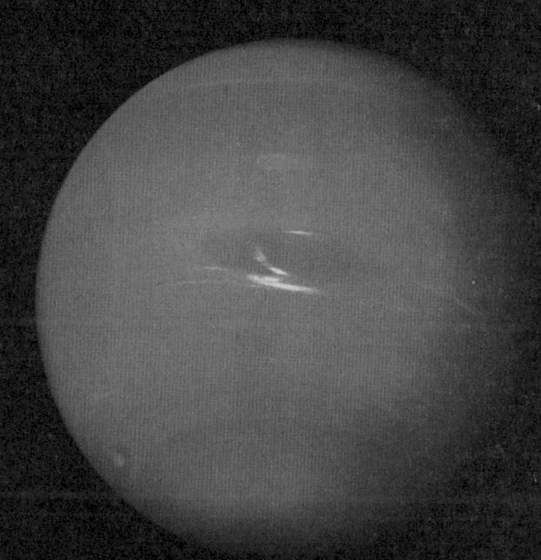

海王星上那片突出的卷状云，美国国家航空航天局为其取的绰号为“滑板车”

卫星照片也证实地球并非唯一存在云的行星。火星是距离我们最近的邻星，它的两极便存在有冰卷云、卷积云与层积云，而气态巨行星木星与土星亦各自在内部有一层水积云。相较之下，金星的层状云是由硫酸构成

这是 1959 年 8 月发射的探索者 6 号地球卫星捕捉到的第一幅图像。这张图片展示了自地球上空 27000 千米高处所看到的太平洋中部云层覆盖的阳光照射区域

的，而冰巨星天王星与海王星的云朵则主要由甲烷组成。海王星疾风暴雨般的大气层中存在着一层突出的卷状云（它有一个恰如其分的绰号“滑板车”），正以追风逐电般的速度环绕着这颗湛蓝的星球。

2014 年 8 月，一组天文学家在距离地球 7.3 光年的一颗木星大小的褐矮星上发现了可能存在水性冰云的迹象。令气象学家兴致盎然的是，这颗行星大小的物体仅仅部分有云，这与地球如出一辙。

其中一位天文学家评论道：“我们尚不清楚的事情之一，便是部分分布的云朵究竟有多么普遍。”这一发现目前尚未得到可靠的证实。然而一旦得到证实，这便将标志着人类首次在太阳系之外发现水云。

音乐作品中的云

让我们自云中的高山流水启程吧。1867 年 6 月，法国天文学家、科普作家卡米伊·弗拉马利翁搭乘热气球自巴黎向西飞行。当热气球进入一层十分浓密的高云时，他已然无法分辨飞行方向，甚至不知自己是上升还是沉落：

> 猛然之间，我们便如此飘浮于这云迷雾锁的空际，丝竹管弦的音乐盛宴宛若林籁泉韵、袅袅盈耳。那音乐仿佛自云朵本身而来，离我们仅有几码之遥。我们穷目极眺，欲竭力望进自四面八方萦绕我们的那白净无瑕、均匀有致、影影绰绰的物质深处。当那神秘乐队的乐声洋洋入耳之时，我们不禁感到魂惊魄惕。

弗拉马利翁已经注意到，他所处的云层产生了极高的湿度计读数，正

自一架正在下降的客机上清晰可见一片积云在悉尼港上空绵延开来。虽然它看起来轻于空气，但这般大小的云朵其实含有多达200吨的水

是如此高的湿度令下方1000多米的城镇广场上乐队的奏乐声汇聚在了一起。诸多其他的热气球驾驶员也描述过类似的奇遇：他们在高空所听到的那神奇的音乐。1862年7月，詹姆斯·格莱舍首次搭乘热气球飞越伍尔弗汉普顿上空时，声称听到了“一支乐队”在将近4000米的高空鸾鸣凤奏。

高层大气的声共振是声音艺术家们近期才开始注意到的东西。2004年夏季，英国建筑师奥斯曼·哈克推出了一款名为“天空之耳”的声效装置。其一经问世，便引起极大关注。该装置由1000只氦气球组成，上面搭载了移动电话、传感器电路以及荧光闪烁的指示灯。

这些电话被设置成自动应答的模式，观测者可以打进电话，并听到对流层的声音，从而实现了马克·斯特兰德诗意盎然的奇思妙想：“一个人对着云朵说话，就宛如对着电话说话。”悠悠传来的是一种奇异诡卓的哨声与嗡音的交响曲，源自于直上云霄的电磁巴别塔，宛若一座人造的大气。你自地面发出的呼叫提供了与人类产生的赫兹天气流的短暂连接，横亘了头顶的天穹。

1997年，一位名叫尼古拉斯·里维斯的加拿大建筑师设计了一款名为“气象–电子乐器”的云竖琴，其工作原理类似于CD播放机。当云流经装置上方时，一台指向天空的红外线激光器会“读取”云，将它们的图案转换成音频与音乐序列，这些音频和音乐序列的音调与云的高度和密度相互对应。

长期以来，音乐家和歌曲作家们始终坚持从云中探寻创作内容与灵感迸发的源泉活水。1965年，一位“护食”（如若不合语法）的米克·贾格尔让世界自他的云中消失无踪，如第一章末尾所示，琼妮·米切尔在她的第二张专辑《云》（1969年）中那首才华横溢的歌曲中看到了云朵的两面，并黯然神伤地承认自己对云根本一无所知。与此同时，英国朋克乐队“扼杀者”与雨果·H. 希尔德布拉松传出了一段关于云朵的逸闻趣事，后者是

第一部《国际云图》的合著者之一。《瑞典》是“扼杀者”乐队的第三张专辑《黑与白》（1978 年）中的一首歌，其中提到了遥远的积雨云，并声称唯有瑞典的云才妙趣横生。该歌词由歌手休·康韦尔所撰写，他在隆德大学攻读了两年的生物化学博士学位，距离希尔德布拉松担任气象学教授的乌普萨拉[1]仅有几个小时的路程。1887 年，拉尔夫·艾伯克龙比前往乌普萨拉大学与希尔德布拉松合作修订了云彩的分类，“积雨云”一词才因而真正进入了瑞典的全球云语言中。在瑞典（据康韦尔称），“人们有大把的时间沉思冥想、思考人生，因而开始全心贯注于云彩的千姿百态”。遗憾的是，这并非带有丝毫阿谀奉承的意味。

几年之后，“球体”乐队的氛围音乐派创始人与美国歌手里基·李·琼斯进行了交谈，内容是他们的标志性曲目《小小絮云》（1990 年）。在这首歌中，这位歌手回忆起了她在亚利桑那州的童年中那骄阳似火、五彩斑斓的苍穹，以及童年那无忧无虑、满怀憧憬的细细微微。《混录版积雨云》于 1991 年发布，其形式和内容令人联想到凯特·布什 1896 年的单曲《大天空》的加长版《气象混音》，其中参考了一系列公众舆论：将飘过的积云比作树木、工业废料或一张爱尔兰地图（令人想起威廉·格莱斯顿对爱尔兰那段传播甚广的描述：“西边的云朵，兵临城下的暴风骤雨”）。据布什后来回忆，这首歌是她在爱尔兰乡间逗留之际所撰写的，她常于此“坐看云卷云舒，这张专辑里气象万千”。《云碎裂》这首歌源自同一张专辑《爱的猎犬》（1985 年），讲述了备受争议的精神分析学家威廉·赖希在气象学方面的类似故事。赖希设计了一款名为“云克星”的便携式机器，他声称这款机器可以通过改变局部大气中的生命能量（他称之为“生命力”）水平来产生（或避免）降雨。1953 年 7 月，缅因州班戈市的蓝莓种植户雇

[1] 瑞典中部城市。——译者注

佣了赖希以及他的神秘机器，希望能为威胁他们作物的夏季干旱画上句号。赖希在西格兰德湖的岸边架起了他的“云克星”，将它对着天空持续了一个小时多一点的时间。次日清晨雨水便至，庄稼幸免于难。当然了，赖希开始宣称自己降服了大自然。当日一家报纸援引目击者的证词称，“你所见过的最为恢诡谲怪的云在那之后不久便形成了”。然而，这是赖希的最后一次成功。三年之后，他在宾夕法尼亚州的监狱中溘然长逝。他被判犯有“一级欺诈罪”，原因是他对他倒霉的病人们进行了五花八门的、基于“生命力”的非正统“疗法”。

虽然云（大部分）沉默不语，但它们在形状和质地上永无止境的无穷变幻使得它们成为了管弦乐作品的宠儿。

克劳德·德彪西在他的三首《夜曲》（1889 年）中的第一首《云》中描绘了“苍穹容颜的日月经天、亘古不变以及云朵流动的从容悠然、仪态庄严”。他回忆道，这首乐章于巴黎傍晚的一次漫步时撰写，当时，“些许云朵慢条斯理地穿（过）玉桂无光的天穹，有几朵云，并非浓墨，亦非轻淡。只是几朵云，仅此而已”。这段八分钟乐曲的结构是由对云的回忆层层构建的，它以一个缓板的和弦主题开始，接着是第二个由长笛与竖琴引出的更为轻快的主题。《云》在巴黎进行了首场演奏，作曲家兼音乐评论家保罗·杜卡一篇针对此次演奏的评论一语中的，他说德彪西的《云》更多的是一种隐喻，而非气象：

> 在《夜曲》的第一首中，“布景”是亘古不变的天穹上临风铺展的云，它们款款浮动，谱写出“郁郁寡欢的灰色调，略带斑白”的音乐，人们可能认为这并非此种现象在气象方面的体现。诚然，它的确通过美丽无比、伴有连绵不断的高低起伏的和弦进行了暗示，令人回想起空境的桂殿兰宫……然而，这首乐曲

2015年9月，首届赏云协会大会“逃至云端”在伦敦举行，玛拉·卡莱尔和莉莎·克纳普在开幕式上演奏以云为主题的音乐

的真正意义仍然具有象征性：它在音乐的媒介中进行类比到类比的转换，其中的一切元素、和声、节奏和旋律在某种程度上好似皆于符号的空间之中荡然无存，宛若被还原至一种无法衡量的状态。

与德彪西如出一辙，出生于匈牙利的作曲家捷尔吉·利盖蒂亦以其作品而闻名遐迩，尤其是《大气》（1961年）及《钟与云》（1972年），后者是为呼应哲学家卡尔·波普尔关于自然节奏幻化万千的观点而创作，与其里程碑式的作品《云与钟》（1966年）描述相当。波普尔指出，自然界中存在两种迥然相异的现象：一种是能够进行精确测量的（“钟”），另一种是仅能大致估算、不能确定的（“云”）。

波普尔写道，“我的云朵代表的是物理系统，宛如气体一样极致得无律可循、无序可依，或多或少无法预知”：

根据我所称的“对事物的常识观”，有些自然现象（诸如天

歌剧中浮夸的云彩：贾科莫·托雷里为17世纪中叶的威尼斯歌剧——弗朗切斯科·萨科拉蒂的《眼红的拉维内尔》（1643年）设计的多层云顶机，将阿波罗的宫殿变成了一座云中的梦幻都市

气或云朵的往复）是难以预测的，我们会说“天有不测风云”。另一方面，如若想描述一种高度规律并且可预测的现象，我们便会说“发条般的精确无误”。

然而，云与钟之间并非总是如此界限分明：春去与秋来便是“不着边际的钟”，而非云；植物比动物更像钟，而较之俯首帖耳的成年犬，幼犬更像云。另一方面，严格精密的宇宙机械论认为“世间万千的云朵皆为钟，即使是最浓厚的云”，因我们对其不知不解，才以为深不可测。

根据利盖蒂的传记作者理查德·斯坦尼茨所述，利盖蒂对波普尔的影射意象如痴如醉，尤其是对于那道难解之谜：不仅世上所有的钟均为“云

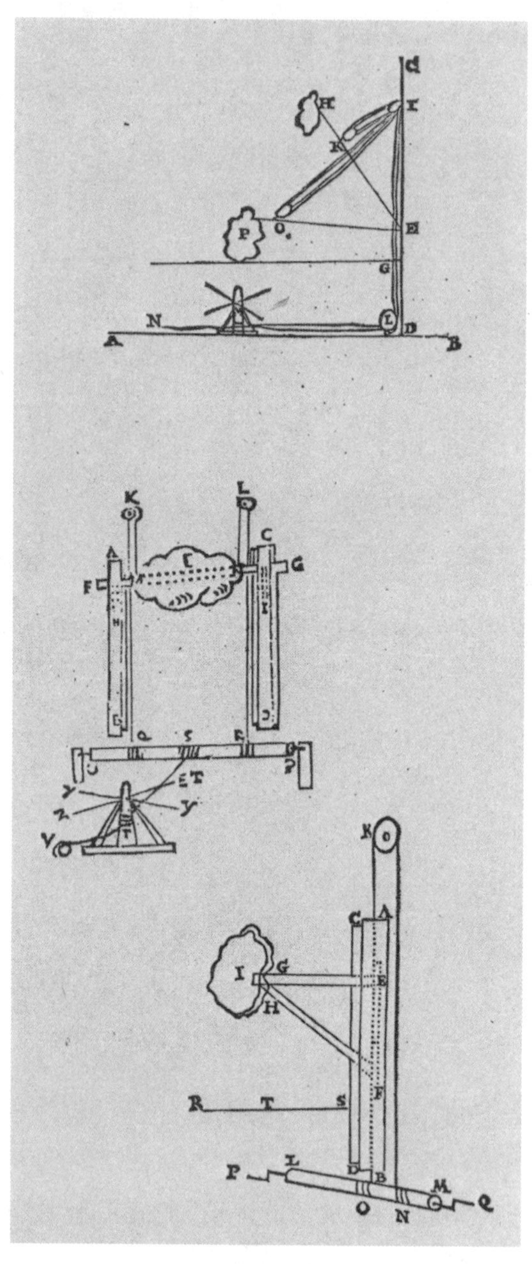

尼古拉·萨巴蒂尼关于戏剧机械的论述揭示了这些效果是如何实现的：由绳子和滑轮操作的巨大木制手臂将一团团画好的积云移动到合适的位置，由此营造出神灵在世的国度

里看花”（换言之，在某种程度上不甚完美），而且世上所有的云亦为“隐藏之钟”（仅是看起来像云，因为我们对其粒子之间的相互作用尚一无所知）。《钟与云》（标题颠倒了波普尔的）是一部13分钟的合唱与管弦乐作品，用斯坦尼茨的话来说，这首曲子行云流水般自如游走于“钟与云”之间，对坚实的精确与朦胧的不精确之间的基本张力进行探索：“当时，他对钟融化成云、云反之凝固为钟的概念心驰神往。他利用自己的音乐转换技术，立志谱写

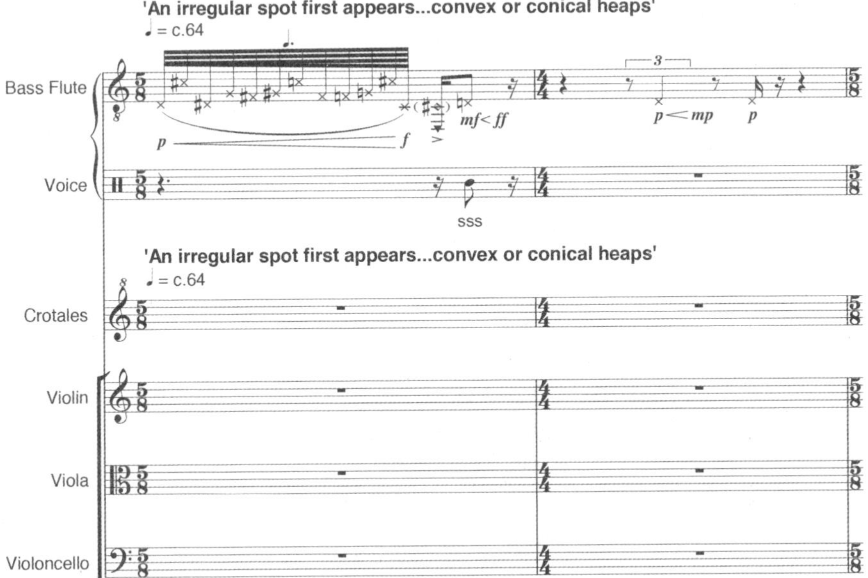

尼娜·怀特曼的《云的变型》（2009 年）乐曲，其中收录了卢克·霍华德 1803 年那篇文章中的部分词句

出最为悠缓徐行，而又最为流畅自如的变奏曲。”恰如一朵云，乐章深入浅出、亦动亦静，时而有条不紊，时而杂乱无序，在一座更为宏大的活跃空间中演绎着一场小规模的石破天惊。真可谓“此曲只应天上有，人间能得几回闻”。

在音乐的奇思妙想之中，云依然如影随形，挥之不去。英国作曲家尼娜·怀特曼为她最近的创作搜集了一系列的素材，气象学便囊括在内。她以贝斯长笛、打击乐器与声音谱写了三首套曲：《云的发明》（2009 年）、《云的变型》（2009 年）和《耀夜》（2011 年）。该套曲的最初创作灵

云与钟楼：冰岛雷克雅未克后方的山上，一排低矮的层积云倾落着冬雪

感源自卢克·霍华德的云彩分类，其中纷繁复杂、充满暗示意味的语言塑造了乐章中迂回婉转的声音世界。怀特曼的乐谱中加入了霍华德的部分词句，最初是作为音乐织体和音色的符号（“一个不规则的点首次出现……凸出的或圆锥形的一堆”）。

但后来，其便作为《云的变型》中的歌词：“积云，浓浓郁郁、生长绵延”“卷云，薄如轻纱、层层增长”，此为现世今生的神秘魔咒，引领着21世纪的听众们，通过听觉之旅进入那仙景云境。

第五章　来日之云

本书写于云端。这意味着，我的文字处理器并未安装于我的电脑之中。每一章节的文件亦皆未保存在我自己的硬盘或智能存储卡上。恰恰相反，我所使用的程序正在互联网的“不知”哪一处运行着。

——克里斯托弗·伯纳特，《云计算简介》，2010 年本书碰巧未写于云端。但如若克里斯托弗·伯纳特的《云计算简介》（2010 年）中所述——采用曲线——可以作为参考的话，我的下一本书必定会写于云端。他写道：到 2020 年，“云计算”将被简单地称作“计算”，每人——甚至包括我这样的落伍之人——都将通过云端来运行各自的数字化生活。

这一转变听起来比实际上要简单得多。毕竟，“云”仅是一种服务器网络，但这个词本身便带有某种神秘的气象意味，笔记本电脑和平板电脑宛如古代的神或永生的神仙一样栖息于小白云上的画面增强了这种神秘感。“云”这个词，在其计算意义上，自 20 世纪 90 年代便在数据技术员中广泛使用了；但在 21 世纪 10 年代，才成为妇孺皆知的词汇。此前苹果公司的联合创始人史蒂夫·乔布斯曾多次宣称，“我们将把数字中心——你数字化生活的中心——搬至云中”。这是对德·昆西“将布洛肯彩虹视为秘密与欲望的云雾状宝库”这一观点所做的控制论再造。十年前，在互联网上搜索“云”，永远都只能搜到天气网站。而现如今，我们已能搜索到谷歌云和微软 Azure。这两个听起来空灵飘渺、生态积极的名字，粉饰了其数据中心庞大臃肿、基础设施污染严重的物理事实。这些基础设施的能源消耗远逾地球上碳排放量最大的工业工厂。电影制作人蒂莫·阿诺尔指出，“世人极易遗忘：云是由人类操作的，它（一台机器）必须存储在某处，某地”。

阿诺尔的 3D 纪录片《互联网机器》（2014 年）探讨了云服务器蔚为壮观的宏伟构架，揭示了一种技术的物质性，而这种技术利用了非物质性的隐喻“以太”“云”以及近期横空出世的“雾计算”或“雾化”。2014 年 5 月，《华尔街日报》的头版头条刊登道：“将‘云’遗忘脑后吧，‘雾’才是科技的未来。”然而如最后一章所述，无穷无尽的数字之云仅是对来日之云以及来日天气进行想象与创造的众多方法中最新鲜的那一个罢了。

云工程

尝试对云与气象进行设计可以追溯至极为久远的年代。19 世纪 40 年代，美国气象学家詹姆斯·埃斯皮提出进行大规模火焚，以使由此产生的火积云凝结降雨；而退役的南北战争将军爱德华·鲍尔斯则在其著作《战争与天气以及人工降雨》（1871 年）中，建议高空引爆炮弹与炸药，作为刺激降雨（他时常在战后观察到）的方法。1880 年，他甚至因此获得了一项“通过在云内输送、引爆鱼雷及其他爆炸物来产生降雨”的专利。鲍尔斯的想法却未曾付诸实践，尽管在其回忆录《萝西与苹果酒》（1959 年）中，洛瑞·李讲述了 1921 年干燥夏季中的一段往事，当时“手持步枪的士兵们行进至山巅，开始向流过的云开枪射击”。不久之后，滂沱暴雨如期而至，为遥遥无期的夏季大旱画下了句号。但这雨水究竟是枪声抑或是“大自然的小小回报”纷飞洒落，我们便不得而知了。

到 20 世纪 40 年代，纽约州斯克内克塔迪市通用电气公司的研究实验室的两位美国科学家——欧文·朗缪尔和文森特·谢弗——最早着手对人工降雨进行了丝丝入扣的细致试验。他们开发了一种名为“播云”的技术。该技术的开发基于他们的一次发现，即在温度远低于冰点的情况下，某些云层中的细微水滴会保持一种“过冷”的液态，直至受到某种形态的外部核刺激而转变为冰。通过向一款特制的开顶型冷冻器内呼入气体，朗缪尔和谢弗便能够制出人造云来进行他们的实验。起初，他们所有的“人造云”尝试皆折戟沉沙，直至谢弗在冷冻器内加入一块干冰（冻结的二氧化碳），这时，“他呼入的气体便开始荧光微烁，继而璀璨流转，须臾之间便化作晶体、坠落至地面，其形状与天然雪花的树突状别无二致”。

不久之后，与之相似的实验便在高空之中进行了：由一架翱翔于流云

苹果公司首席执行官史蒂夫·乔布斯2010年的宣言在很大程度上将云计算的概念广而推之："我们将把数字中心——你数字化生活的中心——搬至云中。"

上方的撒药飞机将干冰凌空洒落。第一次试验于1946年11月进行，效果立竿见影。雪花自播云后的几分钟内便从喷洒过干冰的云中纷纭飘落。云中出现一处孔隙，细微的水滴自此处冻结并倾泻而下。谢弗在笔记本中记录道，云"几近爆炸"。为证明这些孔隙除此之外无法形成，他们曾用干冰在一排过冷层云上刻下通用电气的标志，创造了世间第一朵镌有商业品牌的云。

到1947年，该项实验的投资由美国政府接管，代号为"卷云计划"，其目的是将云及其所含物质用于军事用途，这令人忧心忡忡。在那时，碘化银已然将干冰取而代之，成为大规模云改造的首选化学物质。自那时起，

约 1947 年，在纽约州斯克内克塔迪市通用电气公司的研究实验室里，文森特·谢弗和他的冷冻器

“风暴工程”是由美国政府所资助的一项尝试以人工左右气象的项目。照片摄于 1969 年 9 月该项目的一次飞行研究中

成千上万吨的此类化合物已被喷洒至世界各地的云端之上。

1972 年 7 月，《纽约时报》头版文章称，美国的飞机多年以来始终偷偷摸摸地在东南亚上空播云，以便在胡志明小道（至关重要的丛林供给路线）上空凝结降雨。至此，这些秘密的军事试验首次得以公之于众。尽管无从得知军方是否得逞，但该项目的首席科学家皮埃尔·圣阿曼德回忆道，“我们所播的第一朵云宛若原子弹爆炸，雨水滂沱、遮天盖地，人人都认为我们这项实验做得太过火”。

很快，所有人都认为他们做得太过火。1977 年，包括美国在内的 40 个国家签署了一项禁止以军事目的左右气象的多边公约。如今，大多数的播云被用于灌溉干旱缺水的农业区（如西澳大利亚），不过滑雪胜地亦偶尔会采用该技术以增加早季降雪。在北京，通常会在主要的公休假日（如国庆节，10 月 1 日）到来之前播云，以促使雨云提前释放积存的雨水。在 2008 年 8 月（中国北方的雨季高峰）北京奥运会开幕式的筹备阶段，千余枚碘化银火箭从安装在郊区的炮台发射至一片隐约显现的云带。当日傍晚，北京西南部的保定市便迎来了约 100 毫米的降雨，但在整个奥运会期间，露天的奥林匹克体育场滴雨未落。

相较之下，在 2012 年伦敦奥运会的开幕式上，成堆的巨型聚苯乙烯积云安置于体育馆内，以此作为丹尼·博伊尔“奇迹之岛”庆典的一部分，向甘霖在英国形象塑造中所扮演的角色表达感激涕零之情。博伊尔在开幕式前夕解释道，“这些将是货真价实的云，它们将萦绕在体育馆的上空。我们知道，我们代表的是岛国的文化与岛国的气候。在这些云朵之中，有一朵将会在傍晚产生降雨，以防出现滴雨不落的窘况”。然而在本届奥运会上，无论是货真价实的云还是人造的云，皆滴雨未施。甚至在肯尼思·布拉纳出色地朗诵卡利班的那句演讲词——“我以为阴云就要消散，露出的金银珠宝随时会砸我满怀，而怆然转醒时，我泪光盈盈地祈求再次返回梦

中国造雨：2011 年 5 月，中国中部湖北省官方用高射炮向云朵发射化学弹

境”（《暴风雨》，1611 年）时，依然滴雨未落。

世人对人工左右天气的做法依然褒贬不一，部分是由于环境因素——向云中喷洒化学物质，可能会产生无法预料的副作用，另一部分是所有权的问题：谁有权将跨越国界之云降下的雨水归为己用呢？在 1949 年的蒙大拿和萨斯喀其温边境，一次播云实验成为了加拿大和美国之间一场小规模地缘政治争端的导火索。加拿大声称，满载雨水的云一直飘向其干涸缺水的小麦牧场，而美国的造雨人员实际上是为了他们自己而将雨水“窃”走。因为这场争端，一项联合国条约应运而生：限制在加拿大边界附近人工造雨。在美国法律出版物上，带有挑衅意味标题的文章亦是层出迭见，如“谁是这些云朵的主人？”“治愈播云活动的法律良药：过街之鼠还是非法入侵？”2004 年 7 月，在中国中部久旱不雨的河南省实施区域性播云作业之后，两座邻市之间争吵得面红耳赤：一方指责另一方窃雨。周口市的一名官员抱怨道，平顶山市附近的气象学家们对飘向周口市的雨云进行截胡，用播云炮将其中的雨水扫荡一空。平顶山市那天迎来了逾 100 毫米的降雨，而周口市的降水则不足 30 毫米。

随着人口激增，农业用地负重日益增大，获取降雨的纷争不断加剧。因而，现有的“不属于任何人的资源，因而可为任何人所占用”这一对云的法律条款很可能需要改写。

娩于人类活动的云

如今的天穹中，最为司空见惯的云往往诞生于人类活动。在日益繁忙的空中航线上，飞机遗留的航迹云盈盈漫漫地遍布整座苍穹，卫星摄影证实了这些规模宏大、分布广泛、令人叹为观止的人造云带。航迹云（凝结踪迹的缩写）由从飞机排气管喷薄而出的水蒸气与细微的颗粒构成，通常形成于 8000 米以上的高空，宛若天然卷云，主要由缓缓坠落的冰晶构成。航迹云可在空中飘荡，经久不散，迢迢绵延——有时可达 150 公里，这取决于盛行风以及大气中已然存在的水分总量。如若空气分外干燥，昙花泡影般的航迹云在短暂地尾随飞机之后便会蒸发殆尽；但如若空气中已是蒸汽弥漫，航迹云便会以连锁反应的形式迅速扩散至空中，将周围的蒸汽凝结至肉眼可见的湍急云流。

航迹云在大气中比比皆是，因而极难将其产生的效应与自然云层进行辨别。然而，自 2001 年 9 月 11 日的恐怖袭击之后出现了一种异乎寻常的现象。当时，美国所有的商业航班都停飞数日。自 20 世纪 20 年代以来，骤然之间，航迹云首次于苍穹中荡然无存，因此可以对暂无飞机的大气进行一项对照研究。根据全国气温记录的比较，研究结果显示：与往年同期相比，日间温度略有上升，夜间温度略有下降，正常范围内的昼夜温差增加了 1.1℃。据对这些数据进行研究的气候学家的说法，这可能是由于日间照射至地表的太阳光增多，而夜间自（无航迹云的）天穹逸出的辐射增多而导致。这看似始料未及，因航迹云扩散所形成的卷状云定然属于增温云，它们吸收其上方的太阳光，再将辐射向下传送至地表。因而，航迹云的消失将起到整体的降温效果。

然而，航迹云远比此扑朔迷离，因为当它们处于最初的水滴状态时，就远比天然卷云更密实，这是因为它们源自于两种截然不同的蒸汽——飞机排气管喷出的水汽以及大气中已然存在的水汽。起初，这种不透光的航迹云与白色的低层云更为相像，它们将日光反射回太空，并起到短暂的局部降温效果；然而，当持续存在的航迹云开始绵延扩散，它们便会渐而纤巧浮薄，化作可辨识的卷状云层，其过冷水滴已经冻结成与卷层云脉脉相通的细微冰晶。因此，航迹云产生的整体效应便会回归至增温状态，这符合人们观察到的天然卷云产生的效应。

随着航迹云在日间或夜间产生、绵延，情况便会更为错综复杂。如若航迹云在清晨或傍晚绵延开来，便会起到微弱的降温效果，因为阳光往往会以某个角度自冰晶反射开来，而非长驱直入地照至地表。相比之下，在夜间，包括航迹云在内的万千云朵仅能产生增温效应，因为已然没有阳光可反射回太空。较之阴云密布之夜，清透无云的夜空永远更为寒冷。因此每多一次夜间飞行（已然增长不断），地表温度便会略微升高些许。实际上根据预测，仅在美国，航迹云的与日俱增（尤其是产自夜间飞行）将造成每 10 年 0.2℃ ~ 0.3℃的增温。（该数字不涉及与航班增加有关的其他

为 2012 年伦敦奥运会开幕式特制的人工雨云，以防真正的雨云迟迟不至

法国里昂西部罗纳河谷上空的航迹云。该照片于 2002 年 5 月透过国际空间站的窗口拍摄，展示了人类活动对天空日常外观的影响程度

增温效应，如二氧化碳排放及当地的臭氧空洞的形成。）

关于这些高空中诞生于人类活动的云，其扑朔迷离的动向仍有待深入了解。未来的飞机是否需要改变航线或飞行高度，以减少或改变航迹云的形成，依然没有十全十美的答案。研究表明，在飞机的飞行总距离中，平均仅有 7% 的航程将通过能够形成持久航迹云的那种空气，因而调整航线以避开那些极易识别的区域，便可减少增温云的产生。例如，一架自伦敦飞往纽约的飞机可保持略高的飞行高度飞越大西洋，这仅会使航程增加约 20 公里，却可极大地削减航迹云的绵延扩散。一架飞机飞行时导致的航迹云的增温效果远逾其二氧化碳排放导致的增温效果。

航线之下的视角：2015 年 7 月，伦敦东部上空的航迹云

航迹云并非商业航空独一无二的可见标志。当飞机穿越云层，便会在尾迹中遗留下线状的罅隙，即“消散尾迹”（消散的痕迹的简写）以及一系列圆洞与条纹。这些圆洞与条纹亦被称作“穿洞云”“雨幡洞云”或“管道云”。尽管世人尚未完全理解这种物理现象，但有一点已然知悉：它们由单片过冷云的骤然冻结形成，然后随纷扬坠落的冰晶四散飘落，最后遗留下一道肉眼可见的罅隙。（“过冷”云由在温度远低于冰点的情况下仍保持液态的水滴构成。）飞机的排气或许便是形成穿洞云的主要原因，因为当冷冻核（由飞机的排气源源不断地提供）的数量不足以供空气中的水滴转变至冰时，便会产生降温现象。2011 年发表在《科学》杂志上的一项

研究称，雨幡洞云的产生是一种“不经意间的播云”，是由于空气在飞机螺旋桨顶部或喷气式飞机的机翼上端流动时，云滴自然冻结而产生的。当飞机以较浅的角度爬升或下降穿越云层时，其尾迹中便有圆洞应时而生，留下一种空间阴影。然而，它们携来降雨的可能性甚微，因为飘摇纷落的冰晶不过稍纵即逝，通常在抵达地面之前便会早早融释、蒸发殆尽。

船尾迹——相当于沧海的飞机尾迹——是公共交通运输不太为人所知的副作用，但对大气的影响之大与飞机尾迹不相上下。同航迹云一样，船尾迹也是由存在于船舶排气中的细微颗粒（主要是硫酸盐）所形成的线状云。因为较之天然空气所含的颗粒

2015 年 3 月，摄于加利福尼亚冷泉桥的雨幡洞云（亦称穿洞云）

冰岛西南部一座地热发电厂上空形成的工业积云（缟状云）

（通常为海盐），排气中的颗粒往往更为丰富，因而产生的云滴体积更细小，数量更庞大；因此较之天然海云，船尾迹往往颜色更白、反射能力更强，从而减少了海洋表面的阳光照射量。讽刺的是，藏垢纳污最多、污染最为严重的云反射指数最高，更容易将阳光反射回太空，因而能更好地抵消温室效应。尽管海洋表面的温度仍在持续不断地攀升，但脏兮兮的云（如船尾迹）产生的降温效果却分外可观。正如预想，已有人呼吁在大面积的海洋上空人工增白云层以减少与日俱增的海水变暖。然而，正如大型地球工程项目的一贯情况，人们需要时刻谨记"非预期后果"法则，且迄今为止，这类人造云可能会对环境造成哪些其他影响尚不明确。与此同时，世界气

《背页》：北太平洋上的船尾迹，相当于海上的飞机尾迹

象组织正准备将“人造云”一词添入官方的云彩分类中，以展示我们沧海与天穹中不断涌现的人造云。

人造云中，最为司空见惯的便是形成于工业冷却塔上空的工业积云（亦称作缟状云）。塔中温暖潮湿的气体弥漫上升，迅速冷却、凝结成低矮的积状云（宛如沸腾的水壶冒出的蒸汽），其基部有时距离地面仅有数百米。如若大气中已有水分存在，缟状云就会变得十分巨大，并在周边地区上空飘荡数公里，偶或还会带来降雨。火烧云亦能带来降水——有时甚至是闪电——正如在森林大火上空经常看到的那样，当盈满水分的潮湿空气遇到强烈的高温时，便会产生黑压压的、烟雾弥漫的积云，人称“火积云”（有

2009 年 8 月，加利福尼亚威尔逊山上，致命的山火所形成的庞大的火积云

些积云会长得分外庞大，因而它们的非官方名为“火 - 积雨云”），通常情况下，它们会因燎原野火与火山爆发而自然形成，但也可能由于大规模的农业或工业燃烧而人为形成。

经常观看航展的人，会非常熟悉飞行表演在天空中所产生的各种转瞬即逝的云及其效果。骤然的爬升与下降，会增加飞机机翼周围的空气压力，

令四周的水蒸气冷却、冷凝成肉眼可见的云。这些云通常仅能维持一到两秒钟，但却可以营造出令人叹为观止的景象——它们将风驰电掣的机身或团团包裹，或紧随其后，须臾之间妙不可言，变魔术般将其自稀薄的空气中凭空变出。

云之桂殿兰宫

当维多利亚时代的气象学家威廉·克莱门特·利提出“未来云景科学的模糊轮廓”时，于近期艺术、建筑实践中层出迭见的主题——大气工程——于他而言是几近不可思议的。20世纪70年代，日本艺术家中谷芙二子因其极富创意的“雾雕”而闻名遐迩，其作品使用了数百条由高压电动泵驱动的产雾喷水管。其中的每一部装置均根据当地风与天气状况的气象记录而专门定制并定点安装。她最为家喻户晓的一部作品为《云泊》（2011年），作品中，游客们可以在奥地利林茨[1]一座多层停车场屋顶上的人造层云中来回穿梭。而早先的一部作品《雾雕08025》（1998年）如今已然成为毕尔巴鄂古根海姆博物馆的永久陈列。在画廊的

[1] 位于奥地利北部。——译者注

自冰岛间歇温泉弥漫而出的蒸汽，营造出匍匐于地面的云朵。这些云朵升腾并扩散形成大气中的云

观赏性水池上方，它时而款款现身，时而荡然无存，宛若大气的语笑喧阗，令游客们惊叹不已。2017 年 3 月，由开关室扩建的伦敦泰特现代美术馆将这座雕塑的新版本首次展出。

中谷芙二子的《雾雕 08025》，1998 年，用高压喷水器制造的人造云，毕尔巴鄂古根海姆博物馆。芙二子的父亲中谷宇吉郎是物理学家，因创造了世界上第一片人造雪而闻名

1999 年 7 月 7 日，一架大黄蜂战斗机在太平洋上空冲破声障，转瞬即逝的音爆云随之产生

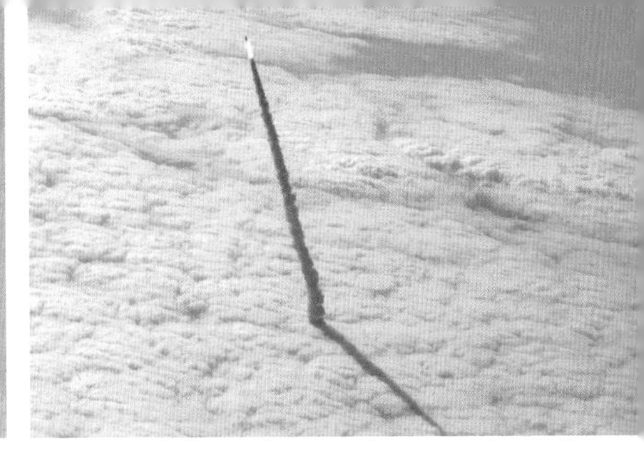

2011 年 5 月，奋进号载人航天飞机穿过一片层积云，被发射升空执行其最后一次任务，在其后方遗留下一串蔚为壮观的垂直航迹云

芙二子曾担任伊丽莎白·迪勒和里卡多·斯科菲迪奥“模糊大厦”的顾问。该座建筑位于伊韦尔东，是 2002 年瑞士国家博览会的媒体展亭，其形状为一片可供居住的云层，时而缠绵缭绕于纳沙泰尔湖上空，宛若《帝

2003 年，一架 F-15E 打击鹰脱离空中加油时，机翼尾端所带的涡流。涡流是在机翼后方产生升力的旋转气流，偶尔会因周围大气中水分的骤然凝结而变得肉眼可见

国反击战》（欧文·克什纳执导，1980年）中款款荡漾的云城。该建筑的规模依据风而幻变多姿。在风平浪静的日子里，其尺寸约为90米宽、60米深，但即使在最为海晏风微的时刻，其亦能始终如初地潋滟幻化，随着内外气候的波动，或巍然生长，或荡然消弭。该建筑弯弯曲曲的结构上装有逾3万部喷雾器。这些喷雾器会将湖水泵成细密水雾喷洒而出，其雾团的轮廓由电脑天气系统进行操控，宛如蒂莫西·唐纳利的诗歌《云司》（2010年）里冥思遐想的云工厂：

> 风扇通过铝管将云朵们输运，
> 约一公里外亦可入耳，这取决于
> 空气温度和湿度，沉静或喧嚣
> 的其他异见之声以及其源其性质。
> 这极遥不可攀，融会贯通于
> 埃及宗教象征中那深远意义。
>
> 此亦无望：确定为何吾造之云
> 令世人兴致更为盎然、经久不衰，
> 较之自然中那别无二致之云。

在拾级而上、登上云端的“天使酒吧”之前，前往模糊大厦的游客将获得一件名为“脑衣”的白色互动雨衣。在那里，有来自五湖四海的“三千弱水”可供取样。对于诸多踏足这片未来式“奇妙云境”的记者而言，这种经历令其既迷踪失路，亦肃然起敬。

劳伦斯·韦施勒评论道：“原汁原味的水上漫步，永生永世地无与伦比！云中漫步，亦是如此！”——尽管安东尼·葛姆雷在《盲光》（2007年，

2004 年 9 月，一架 F/A-18F 超级大黄蜂进行高重力调动，导致大量冷凝水在其机翼上方形成一团转瞬即逝的云

大型室内艺术展）中更是有过之而无不及，将照得通亮的云朵封入一座可供走动的玻璃房中。在这座长 10 米、宽 10 米的玻璃箱中，已然冷却的粼粼水雾四处弥漫，在 7000 勒克斯的强烈荧光照射下，参观者的可视距离不及一臂之长，也确实会在这 90% 的湿度中经历短暂的迷路。葛姆雷“亮晶晶的立方体云”的预期效果更是令人迷失自我、无所适从，宛如漫步至云雾之中，从字面上和象征意义上而言便是踏入了一座苍苍凉凉、湿气弥漫，令人惶恐不安的隔绝人世的遗落之境。设计师本·鲁宾表示，较之模糊大厦，“云的亮度体现出信噪比的问题——云是纯粹的视觉噪声，大量

安东尼·葛姆雷，《量子云》，1999 年，矗立于伦敦千年穹顶对面的泰晤士河畔

纤毫不差的白光向四面八方散射”。葛姆雷在其亮闪闪的云室中，成功再现了这种令人晕头转向的特性。

葛姆雷在其早期作品《量子云》（1999 年）中，对云“作为一种有形却模糊之物”这一状态提出了类似的问题。这座 30 米高的钢雕如今已永久矗立于伦敦格林威治半岛上千年穹顶的对面。该钢雕由分形软件设计而成，该软件绘制一种由四面体钢铁部件组建的云雾状（“随机移动”）排列，而该作品便是由这些钢铁部件构成的。宛如天然的云，该雕塑具有扩散状的边缘，且缺乏明确的边界，尽管在其中心可依稀窥见残缺不全的人体轮

将云朵带至室内：2015年9月，维特利神奇相机暗箱中的景致

廓。“非物质化纪念碑”，如葛姆雷所述，生于计算机的《量子云》当之无愧为今朝今夕之云。

华兹华斯十四行诗的开篇诗句“眼帘映入美丽的图画，诞自巴特·G. H. 博蒙爵士之手”（1811年）展现了对艺术“令昙花泡影永垂不朽的能力”的沉思默想：“盛赞那天那艺术，其玄妙之力将留于那云里，并将其定格在那荣光耀目的形状里。”这番感悟既适用于摄影，亦适用于绘画，尤其适用于荷兰云雕塑家伯恩德诺特·斯米尔德成名之作那样“眨眼便失”的艺术品。斯米尔德创作中的“雨云”系列中的首部作品，以光怪陆离的背光式室内云朵为特色，于2012年被安装在一座昔日小教堂里，如若“安装”是一个用以描述“于空中持续不足10秒的镜花水月”的正确词汇的话。

自那时起，这位艺术家便开始在五湖四海的各类空间里（从煤矿、城堡到教堂）创作与拍摄昙花一现的云。斯米尔德的创作需要细致入微的筹备，以创造出可延长云朵留存时间、使其被相机拍下的环境条件。每处内部空间皆需呵气成霜、湿气弥漫，同时空气流动亦要有限，否则烟雾机产生的雾气将无法融合成云。斯米尔德使用手持植物喷雾瓶将空气喷至高湿度，然后在镜头外从烟雾机释放出“雾”（实际上是一种“汽化了的乙二醇基化合物”）。周围的湿气附着在“雾”上，阻止其飘散而去，以形成一朵白皑皑的云。这朵云形成于室内，诡异地飘浮了几秒钟之后便化为泡影，荡然消逝于空气之中。“这般过眼云烟，我真心爱若珍宝，”斯米尔德说道，“发生于电光石火之间，发生在特定地点之中，正宛如对方才那朵云的旧梦重温。”

将流云融淬至建筑环境的一种更为恒久的方式是：创建一种复眼或观景门户。美国光艺术家詹姆斯·特瑞尔已在世界各地的 80 多家画廊及其他空间地点安装了这类门户，作为其“观穹空间”系列的一部分。观穹空间 1（1975 年）是意大利瓦雷泽潘扎别墅屋顶上的一处开口。人们通过该道门户，可自画廊光线微黯的内部看到外界的云彩和天气。特瑞尔（他与卢克·霍华德一样，是朝参暮礼的教友派信徒）在教友派的诸多集会场所安装了观穹空间，包括费城栗山聚友会上一幅题为《欢迎光临》（2013 年）的作品。该作品以天穹为框，反映了教友会沉思默想的本质。如神学家杰弗里·科斯基所言：“您目之所及，非（特瑞尔）所创之物，因其所创之物，仅为其未创之物之界缘：其所创之物，终为环绕苍穹之边。”特瑞尔最为家喻户晓的作品是正处于创作中的“罗登火山口项目”（从 1975 年开始），这实际上是一座蔚为壮观的观穹空间，安装于亚利桑那州弗拉格斯塔夫市东北约 80 千米的佩恩蒂德沙漠的死火山口内部。夜幕降临，这一经过改建的火山口便摇身变为一座气势恢宏的天文观测台。而在白昼期间，云才是这台视觉盛宴当仁不让的主角——在旧金山群峰的上空，一团团的荚状云（“盘子堆”[1]）轮番登场，不断映入眼帘。在火山口为数众多的洞室中，有一处安装了暗箱镜头。白日当空时，它会将云彩的图案投射至圆形的地板上，“先是低积云，紧随其后的是较高的卷云，偶尔会有平流层中极致参天的贝母云”。

> 罗登火山口是一只明眸，是某种本身便能洞悉万般之物……随日月流云的动向和尘寰的昼夜交替、斗转星移而千变万化、永无止境。身处此火山口时，它将献予你良时美景、瑾瑜流光以及无边无垠的可能性。

云与气候变化

在指示短期天气状况方面，云及其动向起着举足轻重的作用，但在预测长期气候变化方面，它们则全然未卜。因为，尽管科学界对全球气候变化这一现实达成了共识，但该话题依然是未解之谜，充斥着许多不确定性，其中最刻不容缓的便是探清云在塑造地球未来环境中可能扮演的角色。云将化身全球变暖的催化剂，以愈发厚重的温室气体笼罩世人（其中水蒸气为主要的幕后元凶），还是通过将更多的阳光反射回太空以拯救地球？事实证明，解决这些问题绝非易如反掌，政府间气候变化专门委员会在《第四次评估报告》（2007 年）中明确指出，在预测未来气候的游戏之中，云

[1] 原文为法语。——译者注

及其动向才是名副其实的未知数：

> 云的万般幻变，诸如类型、位置、含水量、高度、颗粒大小和形状或寿命，皆会影响云对地球的致冷或致暖程度。一些变化会加剧气候变暖，而另外一些则会减缓。为更深入地了解“云如何随气候变暖而变化”这一问题以及更好地理解这些变化又是如何通过各种反馈机制影响气候，诸多研究正在积极进行之中。

《第五次评估报告》（2013 年）提供了从该项尚在进行的研究中收集到的大量技术方面的具体信息，但依然得出结论称：“在充满变数的地球能源预算估计与解释中，云与气溶胶始终是最大的不确定因子。”

云，自始至终地淆乱世人的认知，诸多研究与建模得出的结论显然函矢相攻。因而一些气候模型虽然表明，地表的持续升温将致使自海中上升的水蒸气增多，从而导致云量的整体增长，但其他模型则表明，在低纬度较为温暖的地区，大气中水蒸气含量的增加将形成大型的对流积云，并以较现在快得多的速度将其中的雨水倾泻一空，从而导致地球总云量净减。与此同时，低层状云往往会保护地球免受来自太阳的辐射，但建模显示，这类云在较为温暖的环境中更有可能荡然消散，从而导致海洋温度的上升并加速层状云的流失。哪种结果更有可能发生，科学家们目前尚无定论，对这两种结果会孕育何种长期影响亦毫无头绪。即使假设随着地表的持续变暖，云的总量将不断攀升，但对于何类云（以及何种反馈情景）会占主导地位依然不甚了解。例如，海拔极高、薄如轻纱的卷状云（如卷层云）往往会产生整体的增温效果，因其自上方（形式为日间的太阳光）吸纳大量的短波辐射，同时阻挡长波逆辐射（自被阳光照射的地面反射的热）并令其向下打道回府至地球。因而，卷层云量稍稍一增多（包括自航迹云绵这看起来宛如一片天然卷层云之物，实际上是由飞机的航迹云形成。这些航迹云在伦敦上空约 10000 米处扩散绵延、彼此融合。随着全球空中航线的日益繁忙，这种人造穹景将越发为世人所熟悉

延扩散而来的云）将致使地球的气温陡增，触发另一种变暖机制。然而与此相反，明亮而浓密的云（如浓积云）会将白昼期间射入的阳光反射回太空，从而对地表起到降温作用。夜幕降临后，这些云便会吸收或反射辐射，从而产生轻微的增温效果。但是其所带来的整体影响依然是降温，尤其是当其顶部变得浓郁并呈现出洁白的色泽时。目前，抵达地球的太阳能中，约 20% 是通过云层被反射回太空的——此为地球上规模最大的热量传递。

因而从理论上讲，高而薄如轻纱的云越多，全球变暖效应便会越发变本加厉；而低矮、浓密蓬松的云的增多，则会引发迥然相异的降温效应。当然，在现实中，真实的情况并非如此简单、易于预测。如本书所述，云彩的动向向来纷繁复杂、出乎预料。以闪电为例，地球每年发生逾 10 亿次闪电，但一段时间以来世人已然知晓：气候日复一日变暖，闪电次数亦随之日渐增多。发展中国家记录的因闪电而死亡的人数不断攀升。2014 年 11 月发表于《科学》杂志上的一项研究表明，闪电次数的增加与大气温度成正比，因为孕育巨型对流风暴云的热能增加了。由于大气温度每升高 1℃，闪电次数便会增加约 12%。到 21 世纪末，闪电次数将增加约 50%。

雨，同样出人意料。它是一种由水、尘埃、孢子、气溶胶与云中所发现的万般种种（包括病毒与细菌）融合而成的冷却混合液。20 世纪 30 年代，先锋飞行员查尔斯 · 林德伯格设计了一款构造精巧的管状装置，名为“天钩”，用以自物质丰富的大气中收集真菌与花粉。他自云中的一些发现发人深省，例如，五花八门的细菌已然攀至流云，于此充当着冷冻核的角色，在高于正常温度的情况下促进冰的冷凝。云中还发现了飘浮的枝叶碎屑，

2010 年 6 月，内布拉斯加州。夜间雷暴被云内闪电照亮。至本世纪末，闪电次数预计将增加约 50%

也同样充当着冷冻核的角色。冰晶并非孕育自体积相对较大的枝叶碎屑，而是形成于随枝叶一同飞升的细菌。细菌于叶上饥餐渴饮、毓子孕孙，在云朵的高处形成自给自足的纤纤菌落。

细菌之云的概念听来似为科幻小说里的内容，但其带来的问题最为刻不容缓——这些所谓的“活云”造雨性质的变化。气象学家怀疑，较之无菌之云，这种“活云”更易产生降雨。威廉·布莱恩特·洛根指出：

> 在水陆两界之中，细菌扮演着双重角色。在地底，细菌将堆肥遗骸，为植物根茎提供保护，并固定空气中的氮。没有氮，

1946年7月25日，比基尼环礁，“贝克”被引爆。形成的云是一种扩散绵延的凝结云，而非与后来的一些炸弹试验有关的传统“蘑菇云”

任何氨基酸或核酸均无从形成。在云朵高处，
细菌产生凝结核，从而对降雨和降雪的规模、
频率产生影响。

尽管这听来匪夷所思，但未来的天气预报很有可能将依赖于对云朵中细菌含量的了解，从而更精准无误地预测降雨。

未来，一个更为遥远的问题便是：云将作为潜在能源而存在。当水蒸气凝结成水时，会释放出大量的热能，而这些热能会使周围的空气增温，在云内引起上涨湍流的爆发，这便是大多数对流云的顶部翻卷飘摇、动荡不稳的原因。即使是一朵玲珑小巧的积云，亦可孕育怵目惊心、极致磅礴的热能，足以为一个家庭提供数年的能量，而100万吨级的积雨云所蕴含的热量甚至远逾100枚核弹头。当然，世人面临的难题是：如何对这样巨大的能量加以利用。一种想法是利用云地电极，将大气中的电荷以电流的形式引至地面，但这种技术虽看似可信，距付诸实践仍然山高路远。

如拉尔夫·艾伯克龙比于1887年所言，“云一如既往地将真实的故事娓娓道来，但这篇故事玄之又玄，艰深难懂”。虽然艾伯克龙比指的是理解云与天气之间关系的问题，但其这番见地同样适用于云与气候之间的关系。

如世人所见，诸多彼此关联的因素令云的故事有如天书、艰涩难懂。其中最令人望而生畏的便是随着气候变暖，大气层亦随之自我重组，以此加剧或减缓最初的变暖。千变万化的气候，有能力改变云与天气的各类不

菲利克斯·布拉克蒙《风暴云》（19世纪80年代早期，版画）中，万道日光穿透堡状积云的顶端

可预测的日常动向。全球（尤其是那些涉及云的）反馈机制可能产生的影响捉摸不定，因而唯一可以尘埃落定的便是：未来云可能会为全球变暖或把薪助火，或釜底抽薪，或产生介于两者之间的影响包括根本就没有影响。简而言之，我们那些日益充斥人类活动的大气将何去何从，我们终将无从得知。正如在过去的几个世纪之中，世人已惯于将云作为重重疑念与捉摸不定的隐喻。看样子，在未来的几个世纪中，云还将一如既往，继续扮演着这样的角色。

附录　云的种类及变种

目前由位于日内瓦的世界气象组织管理的云彩分类，以三层的海拔高度为基础。十种主要云属及其国际缩写、公认定义或重新定义的日期如下：

高云，基部通常逾 6 千米：

卷云，Ci（霍华德，1803 年）

卷积云，Cc（霍华德，1803 年；雷诺，1855 年）

卷层云，Cs（霍华德，1803 年；雷诺，1855 年）

中云，基部通常介于 2 与 6 千米之间：

高积云，Ac（雷诺，1870 年）

高层云，As（雷诺，1877 年）

雨层云，Ns（国际云研究委员会，1930 年）

低云，基部通常低于 2 千米：

层积云，Sc（克米兹，1840 年）

层云，St（霍华德，1803 年；希尔德布拉松，艾伯克龙比，1887 年）

积云，Cu（霍华德，1803 年）

积雨云，Cb（魏尔巴赫，1880 年）

大多数云属（除却高层云、雨层云）被划分为不同种类，并根据其形状的独特性或内部结构的差异性，以拉丁文命名。完整的云彩种类列表及其缩写、含义如下：

秃状云（Calvus），cal

（“光秃秃的”），适用于没有冰砧的积雨云

鬃状云（Capillatus），cap

（“多毛的”），适用于带纤维状砧或羽的积雨云

堡状云（Castellanus），cas

（“宛如城堡的”），适用于上部区域带有塔状或锯齿状突起的层积云、高积云、卷云或卷积云

浓云（Congestus），con

（“堆积的”），适用于一种巨大而迅速增长的积云，其顶部宛如花椰菜

纤维状云 / 毛状云（Fibratus），fib

（“纤维状的”），主要适用于带有直或不规则弯曲细丝的轻薄的卷云、卷积云

絮状云（Floccus），flo

（“成簇状的”），适用于小型高积云、卷云或卷积云

碎云（Fractus），fra

（“破碎的”），层云或积云破烂的碎屑

淡云 / 扁平云（Humilis），hum

（“低的”），适用于呈轻微垂直发展的积云

荚状云（Lenticularis），len

（“宛如晶状体的”），主要适用于长条透镜状或杏仁状

的积层云或高积云

中展云（Mediocris），med

（“中等的”），描述的是呈中度垂直发展的积云

薄幕状云（Nebulosus），neb

（“雾蒙蒙的”），描述的是纤薄而模糊的层云或卷层云

密云（Spissatus），spi

（“厚的”），适用于浓厚得异乎寻常的卷云

层状云（Stratiformis），str

（“层状的”），适用于层积云、高积云，偶尔也适用于已然扩散至水平层的卷积云

钩状云（Uncinus），unc

（“钩状的”），适用于形状宛如逗号或钩子的卷云

卷滚云（Volutus），vol

（“打滚的”），目前正考虑将其纳入下一版《国际云图》（2017 年）

根据某些外观特征及透明度，一些种类的云被细分为不同的变种。云的变种及其缩写、含义的完整列表如下：

糙面云（Asperitas），asp

（“粗糙”），适用于大片的波状云底部的波浪状结构

积云性（Cumulogenitus），cugen

（“由积云组成”），适用于由积云扩散而成的层积云或高积云

复云（Duplicatus），du

（“双重”），适用于形成于轻微相异的水平面、有时部分融合的层积云、高积云、高层云、卷云或卷积云

人造云（Homogenitus），hom

（“人造的”），适用于产生自人类活动的云，如航迹云或工业积云（“缟状云”）

乱云（Intortus），in

（“扭曲的”），描述的是具有不规则弯曲、纠缠的细丝的卷云

网状云（Lacunosus），la

（“带间隙的”），适用于高积云、卷积云的网状斑块

蔽光云（Opacus），op

（“晦暗的”），适用于大片或整层的层云、层积云、高层云或高积云，其大部分极致不透光，足以遮蔽日月

漏隙云（Perlucidus），pe

（“让光透过”），适用于大面积的层积云或高积云，可透过其中较为轻薄的部分窥探日月；漏隙云常与透光云、蔽光云组合出现。

辐辏状云（Radiatus），ra

（“放射状的”），适用于宽阔平行的层积云、积云、高积云、高层云或卷云带，它们时而向地平线上的某一点聚集

透光云（Translucidus），tr

（“半透明的”），适用于大面积块状或层状的层云、层积云、高层云或高积云，其中大部分为半透明状，可显示太阳和月亮的位置

波状云（Undulatus），un

（“波状的”），适用于带有明显波浪或波动的云块或云层

脊状云（Vertebratus），ve

（“宛如椎骨的”），通常用以描述其细丝形成鱼骨状的卷云

大事年表

约公元前 420 年	阿里斯托芬，《云》
约公元前 340 年	亚里士多德，《气象学》
约 1360—1390 年	作者不详，《未知之云》
1563 年	威廉·富尔克，《优美画廊》
1637 年	勒内·笛卡尔，《流星》
1665 年	罗伯特·胡克尝试为云与天气建立统一的词汇表
1703 年	“大风暴”，11 月 7—26 日
18 世纪 80 年代	德国帕拉蒂纳气象学会提出了描述性的云彩分类
1802 年	让·巴蒂斯特·拉马克提出了按高度排序的法语云分类
1802 年	12 月，卢克·霍华德发表了其关于云彩变型的里程碑式演讲
1803 年	霍华德在《哲学》杂志上发表了其云彩命名法
1815 年	霍华德《论云的变型》法文版、德文版发表
1817 年	J.W. 歌德，《致敬霍华德》

续表

1820 年	雪莱，《云》与《西风颂》
1821—1822 年	风景画家约翰·康斯太勃尔在汉普特斯西斯创作了一百多项户外云的作品
1823 年	伦敦（后称皇家）气象学会成立
1840 年	路德维希·克米兹将积－层云重新归类为层积云
1855 年	艾米连·雷诺提出了两种新云属：高积云与高层云。分别于 1870 年、1877 年正式加入云彩分类。
1862 年	热气球驾驶员詹姆斯·格莱舍与亨利·克斯维尔成为第一批进入同温层的人
1863 年	安德烈·波西在云彩分类中加入了碎积云变种
1865 年	卢克·霍华德，《论云的变型》第 3 版扩展版，并附有委托定制的新插图
1880 年	业余气象学家菲利普·威尔巴赫添加了积雨云
1884 年	4 月，在堪萨斯州拍摄的第一张有据可查的龙卷风照片
1887 年	雨果·希尔德布拉松和拉尔夫·艾伯克龙比提出了一种基于霍华德命名法的国际云彩分类法
1889 年	克劳德·德彪西的夜曲《云》在巴黎的首场演奏
1890 年	希尔德布拉松与另外两人出版了第一本多语种、带插图的《云图》
1896 年	国际云年，第一本《国际云图》出版
1905 年	荚状云加入云彩分类
1922 年	摄影师阿尔弗雷德·斯蒂格里茨创作了其两百多项云彩作品中的第一项，这些作品后来被称为《等价物》

续表

1947 年	由美国主导的卷云计划启动。这是一项关于人工影响天气的计划
1951 年	乱云加入世界气象组织的云彩分类
1952 年	精神分析学家威廉·赖希发明“云克星”
1956 年	第五版《国际云图》，首次被分为两卷——文字与图片，便于翻译
1970 年	艺术家中谷芙二子在日本大阪制作了其第一座雾雕
1974 年	艺术家詹姆斯·特瑞尔在意大利瓦雷泽安装了其第一座《观穹空间》
1995 年	第 7 版《国际云图》
1999 年	安东尼·葛姆雷《量子云》永久安置于泰晤士河岸，俯瞰着千年穹顶
2002 年	瑞士伊韦尔东，迪勒与斯科菲迪奥的模糊大厦
2004 年	加文·普雷特 - 平尼创立赏云协会
2008 年	北京奥运会期间部署播云
2013 年	联合国政府间气候变化专门委员会的第五份评估报告指出，云“继续充当着未来气候预测中的最大不确定因子”。
2015 年	糙面云、卷滚云、人造云加入了世界气象组织的云彩分类，这是自 1951 年以来首次出现的新云术语
2017 年	全新的网络版《国际云图》出版

精选参考文献

1.Audeguy, Stéphane, *The Theory of Clouds*（《云的理论》）, trans. Timothy Bent, New York, 2017.

2.Badt, Kurt, *John Constable's Clouds*（《约翰·康斯太勃尔的云》）, trans. Stanley Godman, London, 1950.

3.Barnett, Cynthia, *Rain: A Natural and Cultural History*（《雨：一部自然与文化史》）, New York, 2015.

4.Boia, Lucian, *The Weather in the Imagination*（《想象中的天气》）, trans. Roger Leverdier, London, 2005.

5.Broglio, Ron, *Technologies of the Picturesque: British Art, Poetry, and Instruments, 1750—1830*（《画意技术：英国艺术、诗歌和乐器，1750—1830》）, Lewisburg, PA, 2008.

6.Clegg, Brian, *Inflight Science: A Guide to the World from Your Airplane Window*（《飞行中的科学：从你的飞机舷窗看世界的指南》）, London, 2011.

7.Clegg, Brian, *Exploring the Weather*（《探索天气》）, London, 2013.

8.Connor, Steven, *The Matter of Air: Science and the Art of the Ethereal*（《空气物质：虚无缥缈的科学与艺术》）, London, 2010.

9.Damisch, Hubert, *A Theory of /Cloud/: Toward a History of Painting*（《"云"的理论：走向绘画史》）, trans. Janet Lloyd, Stanford, CA, 2002.

10.Day, John A., *The Book of Clouds*（《云之书》）, New York, 2006.

11.Dunlop, Storm, *Photographing Weather*（《拍摄天气》）, London, 2007.

12.Dunlop, Storm, *Meteorology Manual: The Practical Guide to the Weather*（《气象手册：天气实用指南》）, Yeovil, 2014.

13.Edwards, Paul N., *A Vast Machine: Computer Models, Climate Data, and the Politics of Global Warming*（《一台庞大机器：计算机模型、气候数据与全球变暖政治》）, Cambridge, MA, 2010.

14.Hamblyn, Richard, *The Invention of Clouds: How an Amateur Meteorologist Forged the Language of the Skies*（《云的发明：一位业余气象学家如何铸就天空的语言》）, London, 2001.

15.Hamblyn, Richard, *A Celestial Journey*（《天际之旅》）, *TateEtc*（《泰特》杂志）, 5 (2005).

16.Hamblyn, Richard, *The Cloud Book*（《云之书》）, Newton Abbott, 2008.

17.Hamblyn, Richard, *Extraordinary Clouds*（《超凡脱俗之云》）, Newton Abbott, 2009.

18.Harris, Alexandra, *Weatherland: Writers and Artists Under English Skies*（《天气之国：英国天空下的作家与艺术家》）, London, 2015.

19.Hawes, Louis，*Constable's Sky Sketches*（《康斯太勃尔的天空素描》）, *Journal of the Warburg and Courtauld Institute*（《瓦尔堡和

考陶尔德研究院院刊》）, 32 (1969).

20.Hill, Jonathan, *Weather Architecture*（《天气建筑》）, Abingdon, 2012.

21.Howard, Luke, *Seven Lectures on Meteorology*（《气象学的七篇演讲》）, Pontefract, 1837.

22.Howard, Luke, *On the Modifications of Clouds, 3rd edn*（《论云的变型》第 3 版）, London, 1865.

23.Inwards, Richard, *Weather Lore: A Collection of Proverbs, Sayings, and Rules Covering the Weather*, 4rd edn（《天气谚语：天气谚语、俗语和规律汇总》第 4 版）, London, 1950.

24.Jacobus, Mary, *Cloud Studies: The Visible Invisible*（《云的研究：可见的无形物》）, *Gramma: Journal of Theory and Criticism*（《语法：理论与批评》杂志）, XIV (2006).

25.Janković , Vladimir, *Reading the Skies: A Cultural History of English Weather, 1650—1820*（《阅读天空：英国天气文化史，1650—1820》）, Manchester, 2001.

26.Jha, Alok, *The Water Book*（《水之书》）, London, 2015.

27.Ley, William Clement, *Cloudland: A Study on the Structure and Characters of Clouds*（《云景：云的结构与特征研究》）, London, 1894.

28.Logan, William Bryant, *Air: The Restless Shaper of the World*（《空气：世界永不停歇的塑造者》）, New York, 2012.

29.Moore, Peter, *The Weather Experiment: The Pioneers who Sought to See the Future*（《天气实验：探索未来的先驱者》）, London, 2015.

30.Morris, Edward, ed., *Constable's Clouds*（《康斯太勃尔的云》）,

Edinburgh, 2000.

31.Pretor-Pinney, Gavin, *The Cloudspotter's Guide*(《观云人指南》，又译《看云趣》《宇宙的答案云知道》), London, 2006.

32.Pretor-Pinney, Gavin, *Hot Pink Flying Saucers, and Other Clouds from the Cloud Appreciation Society*（《桃红色飞碟以及其他赏云协会的云》）, New York, 2007.

33.Pretor-Pinney, Gavin, *Clouds That Look Like Things: From the Cloud Appreciation Society*（《看起来千奇百怪的云：来自赏云协会》）, London, 2012.

34.Ruskin, John, *The Storm-cloud of the Nineteenth Century*（《十九世纪的风暴云》）, London, 1884.

35.Scorer, Richard, *Clouds of the World: A Complete Colour Encyclopedia*（《世界的云：一部完整的彩色百科全书》）, Newton Abbott, 1972.

36.Stephens, Graeme L., *The Useful Pursuit of Shadows*（《对阴影的有益追求》）, *American Scientist*（《美国科学家》杂志）, 91 (2003).

37.Thornes, John E., *John Constable's Skies: A Fusion of Art and Science*（《约翰·康斯太勃尔的天空：艺术与科学的融合》）, Birmingham, 1999.

38.Völter, Helmut, ed., *Wolkenstudien | Cloud Studies | Études des Nuages*（《云的研究》）, Leipzig, 2011.

相关协会

The Cloud Appreciation Society
（赏云协会）

Cloudman^{TM}(website of the late Dr John Day)
[云人^{TM}（约翰·戴博士的网站）]

Clouds Online / Wolken Online
（云在线）

For Spacious Skies
（为广袤天空）

The International Cloud Atlas
（国际云图）

Met Office Clouds page
（英国气象局云界面）

National Weather Service Online Weather School
（国家气象局在线天气学堂）

The Royal Meteorological Society
（英国皇家气象学会）

The Tornado and Storm Research Organisation
（龙卷风和风暴研究组织）

致谢

感谢丹尼尔·艾伦与迈克尔·利曼对本书的委托制作与编辑，感谢瑞科图书有限公司内部编辑与设计师们对手稿付出的耐心工作。我十分荣幸地感谢大英图书馆、国家气象图书馆与档案馆、科学博物馆图书馆以及参议院图书馆的工作人员，还有伦敦大学，该书的大部分内容皆在这些图书馆进行研究。我亦十分感谢我的朋友和同事们，多年来他们就云与天气问题与我进行探讨，包括乔恩·亚当斯、茱莉亚·贝尔、马丁·约翰·卡拉南、格雷戈里·达特、马克曼·埃利斯、亚历山德拉·哈里斯、弗拉基米尔·扬科维奇、伊斯特·莱斯利、马克·马斯林、彼得·摩尔、佩尼·纽维尔、迈克尔·牛顿、加文·普雷特-平尼、萨姆·范·舍伊克、艾米丽·赛尼尔、莱恩·施特劳斯、科林·蒂文、约翰·索恩斯和苏·怀斯曼。另外还有尼娜·怀特曼，承蒙她的好意，我获准复制了她为《云的变型》创作的配乐曲样。

为了有机会于尚在编写的情况下讨论本书的部分内容，我欲于 2014 年 5 月的伯贝克艺术周的“云：物体、隐喻、现象”上、2015 年 9 月的赏云协会盛大十周年庆“逃至云端”上和 2015 年 12 月，由英国皇家气象学会与英国泰特美术馆联合举办的为期一日的“艺术与天空”会议上，对我的同僚与听众们致谢。最后，怀着我最热忱的感激、爱与深情切意，谨以此书献给乔、本和杰西·汉布林。

图片提供致谢

作者与出版商希望对下列说明性材料的来源以及复制该材料的许可表示感谢。部分原图的出处如下所示：

图片来自阿什莫尔博物馆：第 135 页；

作者的或作者提供的图片：引言第 5 页、第 61、66、67、71、78、79、116、120、125、150、156、174、178—179、195、202 页（上）、第 202 页（下）、第 203 页（下）、第 207、208、212—213 页；

图片来自托马斯·鲍得温，《爱洛派迪亚：含从切斯特搭乘热气球旅行的故事，1785 年 9 月 8 日……》（*Airopaidia: Containing the Narrative of a Balloon Excursion from Chester, the 8th of September, 1785...*），切斯特，1786 年：第 31 页；

图片来自 Beckachester 网站：第 196—197 页【该文件采用知识共享署名——相同方式共享 4.0 版国际许可协议授权：任何读者皆可自由分享——复制、发行和传播该作品或重新合成，在下列条件下改编该作品，您必须以作者或授权方指定的方式署名该作品（但不得以任何方式表明您或您对该作品的使用已获得他们的许可）】；

图片来自茱莉亚·贝尔：第 12、34、124、170 页；

图片来自白令大陆桥国家保护区：第 100 页【该文件采用知识共享署名——相同方式共享 2.0 版国际许可协议授权：任何读者皆可自由分享——复制、发行和传播该作品或重新合成，在下列条件下改编该作品，您必须以作者或授权方指定的方式署名该作品（但不得以任何方式表明您或您对该作品的使用已获得他们的许可）】；

承艺术家马丁·约翰·卡拉南惠许复制：第 164 页；

图片来自周凯文：第 83 页【该文件采用知识共享署名——相同方式共享 3.0 版 Unported 许可协议授权：任何读者皆可自由分享——复制、发行或传播该作品或重新合成，在下列条件下改编该作品，您必须以作者或授权方指定的方式署名该作品（但不得以任何方式表明您或您对该作品的使用已获得他们的许可）】；

图片来自 cking 网站：第 36—37 页（该文件采用创作共享署名 2.0 版通用许可协议授权：任何读者皆可自由分享——复制、发行和传播该作品或重新合成，在下列条件下改编该作品，您必须守信，提供许可的链接并指出是否发生改动，您可以以任何合理的方式做到这一点，但不得以任何方式表明您或您对其的使用已获得授权方的许可，无额外限制，您不得使用法律条款或技术措施，在法律上限制他人做许可协议允许的任何事情）；

图片来自克利夫兰艺术博物馆 / 威廉·H. 马拉特夫妇基金会 / 布里奇曼图像：第 17 页；

图片来自亚历山大·科曾斯，《辅助绘制独创风景画构图之新法》（*A New Method of Assisting the Invention in Drawing Original Compositions of Landscape*），伦敦，未注明出版日期，1785 或 1786 年：第 134 页；

图片来自 Denni 网站：第 70 页【该文件采用知识共享署名——相同方式共享 2.5 版通用许可协议授权：任何读者皆可自由分享——复制、发行和传播该作品或重新合成，在下列条件下改编该作品，您必须以作者或授权方指定的方式署名该作品（但不得以任何方式表明您或您对该作品的使用已获得他们的许可）】；

图片来自禄是遒，《佛陀释迦牟尼的生活插图》（‘*Vie illustrée du Bouddha Çakyamouni*’），上海，1929 年：第 4 页；

图片来自地球科学与图像分析实验室，约翰逊宇航中心 / 美国国家航空航天局：第 199 页；

图片来自 EllsworthC 网站：第 200 页【该文件采用知识共享署名 3.0 版 Unported 许可协议授权：任何读者皆可自由分享——复制、发行和传播该作品或重新合成，在下列条件下改编该作品，您必须以作者或授权方指定的方式署名该作品（但不得以任何方式表明您或您对该作品的使用已获得他们的许可）】；

图片来自艾米利奥·塞格雷视觉档案 / 美国物理联合会 / 科学图片库：第 186 页；

图片来自西蒙·A. 尤格斯特：第 81 页【该文件采用知识共享署名——相同方式共享 3.0 版 Unported 许可协议授权：任何读者皆可自由分享——复制、发行和传播该作品或重新合成，在下列条件下改编该作品，您必须以作者或授权方指定的方式署名该作品（但不得以任何方式表明您或您对该作品的使用已获得他们的许可）】；

图片来自约翰·帕克·芬利，《龙卷风：它们是什么，如何将之观察——保护生命财产的实用性建议》（*Tornadoes: What They Are and How to Observe Them: With Practical Suggestions for the Protection of Life and Property*），纽约，1887 年，来自科学收藏史，俄克拉荷马大学图书馆：第 157、158 页（左）、第 159 页；

图片来自卡米·弗莱马里恩，《大气，大自然的非凡现象说明》（*L'Atmosphere, description des grands phénomènes de la nature*），伦敦，1873 年：第 24 页；

图片来自托马斯·福斯特，《对大气现象的研究……》（*Researches about Atmospheric Phaenomena...*），伦敦，1815 年：第 103 页；

图片来自詹姆斯·格莱舍（主编），《空中旅行》（*Travels in the Air*），伦敦，1871 年：第 33 页（左）；

图片来自格朗·W. 古奇：第 21 页；

图片来自 H.A. 耶贝尔，《维京神话：从埃达和萨迦》（*Myths of the Norsemen: From the Eddas and Sagas*），伦敦，1909 年：第 9 页；

图片来自汉堡美术馆：第 54、58 页；

图片来自 J.G. 埃克，《科学、文学和艺术的图像百科全书》（*Iconographic Encyclopedia of Science, Literature, and ART*），纽约，1851 年：第 96、 98 页；

图片来自卡罗尔·M. 史密斯 / 美国国会图书馆，华盛顿特区，印刷品与图片部：第 74 页；

图片来自卢克·霍华德，《论云的变型及其产生、飘浮与消亡的原理》（此为 1802—1803 届阿斯克协会会议上宣读的一篇文章的主要内容）（*On the Modifications of Clouds, and on the Principles of their Production, Suspension, and Destruction,* being the Substance of an Essay read before the Askesian Society in the Session 1802 - 3），《哲学杂志》（*Philosophical Magazine*）第 16 卷，第 62 页，1803 年：第 46 页；

图片来自国际气象委员会，由云委会成员 H. 希尔德布拉松、A. 里根巴赫、L. 泰斯朗·德·鲍尔奉委员会之命出版，《国际云图》（*International CloudAtlas*），巴黎，1896 年：第 146 页；

图片来自伦敦国王学院，科学图片库：第 65 页；

图片来自拉尔夫·F. 克雷斯吉 / 美国国家海洋和大气管理局：第 68 页；

图片来自维也纳艺术史博物馆：第 10 页；

图片来自气象学会，《现代气象：六场系列演讲……》（*Modern Meteorology: A Series of Six Lectures...*），伦敦，1879 年：第 110 页；

图片来自美国国会图书馆，印刷品与图片部：引言第 6 页（左）、第 35、92 页；

图片来自 Livioandronico2013 网站：第 128 页【该文件采用知识共享署名——相同方式共享 4.0 版本国际许可协议授权：任何读者皆可自由分享——复制、发行和传播该作品或重新合成，在下列条件下改编该作品，您必须以作者或授权方指定的方式署名该作品（但不得以任何方式表明您或您对该作品的使用已获得他们的许可）】；

图片来自埃利亚斯·卢米斯，《气象学专著：气象表专集》（*A Treatise on Meteorology: with a Collection of Meteorological Tables*），纽约，1868 年：第 65 页；

图片来自乔·林奇：第 152 页；

图片来自埃利·马格勒和弗雷德里克·泽克，《流星》（*Les Météores*），巴黎，1869 年：第 91 页；

图片来自玛丽·埃文斯图片库：引言第 6 页（右）、第 4 页；

图片来自 Mcosta1 网站：第 198 页【该文件采用知识共享署名——相同方式共享 3.0 版 Unported 许可协议授权：任何读者皆可自由分享——复制、发行和传播该作品或重新合成，在下列条件下改编该作品，您必须以作者或授权方指定的方式署名该作品（但不得以任何方式表明您或您对该作品的使用已获得他们的许可）】；

图片来自万福玛利亚迈斯特里克：第 118 页【该文件采用知识共享署名——相同方式分享 3.0 版 Unported 许可协议授权：任何读者皆可自由分享——复制、发行和传播该作品或重新合成，在下列条件下改编该作品，

您必须以作者或授权方指定的方式署名该作品（但不得以任何方式表明您或您对该作品的使用已获得他们的许可）】;

图片来自大都会艺术博物馆：引言第 2—3 页、第 129、132、142 页;

图片来自卢浮宫：第 130—131 页;

图片来自造型艺术博物馆：第 52—53 页;

图片来自美国国家航空航天局：第 72、75、168 页;

图片来自美国国家航空航天局图片 / 约翰逊宇航中心地球科学与图像分析实验室：第 194 页;

图片由美国国家航天局 / 科学图片库版权所有：第 165、166、167 页（上）、第 203 页（上，右）;

图片来自印度国家博物馆，新德里 / 布里奇曼图像：第 8 页;

图片来自美国国家海洋和大气管理局图片库：第 21、91 页、第 158 页（右）、第 161、163 页;

图片来自美国国家海洋和大气管理局图片库，美国国家海洋和大气管理局中央图书馆 / 美国国家强风暴实验室：第 77 页;

图片来自 paleo_bear 网站：第 25 页【该文件采用知识共享署名 2.0 版通用许可协议授权：任何读者皆可自由分享——在任何媒体上或以任何格式复制、再发行本材料或改编，以任何目的（甚至是商业目的）在以下条件下对该材料进行重新合成、转换和以本材料为基础进行创作。您必须守信，提供许可的链接并指出是否发生改动，您可以以任何合理的方式做到这一点，但不得以任何方式表明您或您对其的使用已获得授权方的许可;您不得使用法律条款或技术措施，在法律上限制他人做许可协议允许的任何事情】;

图片来自大卫·波拉克 / 考比斯历史，经由盖蒂图片社：第 33 页（右）;

图片来自拉蒙特·普尔 / 美国国家航空航天局：第 82 页;

私人收藏（图片来自克里斯蒂图像），布里奇曼图像，法国视觉艺术家协会，巴黎、英国视觉艺术家协会，伦敦，2016 年：第 140 页；

图片来自阿拉米图片社：第 6 页；

图片来自海曼·鲁克，《气象年刊》续刊（*A Continuation of the Annual Meteorological Register*），诺丁汉，1802 年：第 88 页；

图片来自英国皇家气象学会（现暂借至科学博物馆，伦敦，图片由科学博物馆 / 科学与社会图片库版权所有）：第 47 页（上）；

图片来自尼古拉·萨巴蒂尼，《舞台布景与机械表演实践》（*Pratica de Fabricar Scene, e Machine ne' Teatri*），拉韦纳，1638 年：第 175、176 页；

图片由科学博物馆 / 科学与社会图片库版权所有：第 46、47 页（下）、第 51 页；

图片来自艾德里安·辛普森：第 76 页；

图片来自克里斯·斯潘纳格尔 / 美国国家海洋和大气管理局图片库，美国国家海洋和大气管理局中央图书馆 / 美国国家强风暴实验室：第 215 页；

图片来自托马斯·斯普拉特，《伦敦皇家学会的历史，为自然知识的完善》（*The History of the Royal Society of London, for the improving of natural knowledge*），伦敦，1667 年：第 95 页；

图片来自 stokpic 网站：第 185 页；

图片来自美国空军：第 204 页；

图片来自美国国防部：第 203 页（上，左）、第 216—217 页；

图片来自美国海军 / 二级摄影助理丹尼尔·J. 麦克莱恩：第 206 页；

图片来自维多利亚和阿尔伯特博物馆：第 133 页；

图片来自视觉中国集团，经由盖蒂图片社：第 189 页；

图片来自尼克·韦伯：第 192—193 页【该文件采用知识共享署名 2.0 版通用许可协议授权：任何读者皆可自由分享——复制、发行和传播该作品或重新合成，在下列条件下改编该作品，您必须以作者或授权方指定的方式署名该作品（但不得以任何方式表明您或您对该作品的使用已获得他们的许可）】；

图片来自哈罗德·F.B. 惠勒主编，《知识全书：供各年龄段读者阅读的图文并茂的百科全书》（*The Book of Knowledge: A Pictured Encyclopaedia for Readers of all Ages*），伦敦，1926 年：第 109 页；

图片来自尼娜·怀特曼：第 177 页；

图片来自 Wojtow 网站：第 23 页【该文件采用知识共享署名——相同方式共享 3.0 版 Unported 许可协议授权：任何读者皆可自由分享——复制、发行和传播该作品或重新合成，在下列条件下改编该作品，您必须以作者或授权方指定的方式署名该作品（但不得以任何方式表明您或您对该作品的使用已获得他们的许可）】。